高 等 学 校 规 划 教 材

Analytical Chemistry Experiments

分析化学实验

（第二版）

李慎新　陈百利　路 璐　主编

U0364874

化学工业出版社

· 北 京 ·

内容简介

　　《分析化学实验》（第二版）专门为理工科近化学类专业的学生量身打造，内容选取以实用、够用为原则，在介绍分析化学实验基本原理和技术的基础上，按基本操作实验、酸碱滴定实验、配位滴定实验、氧化还原滴定实验、分光光度法实验安排了 14 个项目，在训练基础的前提下，尽可能与专业方向相结合，比如实验项目涉及水分析、食品分析，可加强学生理论联系实际的能力。

　　本书可作为环境、生物、食品、材料、轻工、农林等专业的教材。

图书在版编目（CIP）数据

分析化学实验 / 李慎新，陈百利，路璐主编. — 2
版. — 北京：化学工业出版社，2022.2（2024.4重印）
高等学校规划教材
ISBN 978-7-122-40401-5

Ⅰ. ①分…　Ⅱ. ①李…②陈…③路…　Ⅲ. ①分析化
学-化学实验-高等学校-教材　Ⅳ. ①O652.1

中国版本图书馆 CIP 数据核字（2021）第 248661 号

责任编辑：宋林青　汪　靓　　　　　　装帧设计：史利平
责任校对：王鹏飞

出版发行：化学工业出版社
　　　　　（北京市东城区青年湖南街 13 号　邮政编码 100011）
印　　装：大厂聚鑫印刷有限责任公司
850mm×1168mm　1/32　印张 4　彩插 1　字数 98 千字
2024 年 4 月北京第 2 版第 3 次印刷

购书咨询：010-64518888　　　　　售后服务：010-64518899
网　　址：http://www.cip.com.cn
凡购买本书，如有缺损质量问题，本社销售中心负责调换。

定　　价：18.00 元

前　言

《分析化学实验》于 2010 年出版，该教材很好地满足了兄弟院校分析化学实验课程的教学需要，同时也收集了使用者的宝贵意见和建议，为本教材的修订再版提供了条件。

本次修订保留了第一版教材的框架结构，内容仍包括三部分：分析化学实验基本知识、单元课堂实验和附录。在分析化学实验基本知识中，由于电子天平的普及，删除了电光分析天平的相关内容。在单元课堂实验中，相应删除了电光分析天平的操作练习，在酸碱滴定分析实验单元中增加了弱酸（醋酸）含量的滴定测定，补充完善了所有单元实验的实验记录表格，修订了个别疏漏及表达不准确、不完善的地方。

参加本次修订编写工作的主要有李慎新、陈百利和路璐，刘强强老师也参与了部分工作。

感谢关心本书并提出宝贵意见和建议的广大读者，感谢四川轻化工大学化学与环境工程学院领导的关心与支持，感谢承担分析化学实验教学的老师们对本书修订编写提出的宝贵意见。

由于编者水平所限，书中欠妥之处在所难免，恳请读者批评指正。

编者
2021 年 10 月

第一版前言

  分析化学是研究物质的组成、含量和结构等有关信息以及相关理论的科学。

  分析化学实验是分析化学课程理论联系实际的重要组成部分。其课程的目的和任务是：在分析化学基础理论的指导下，综合运用相关学科的知识，掌握分析化学各种方法的原理和测试方法、所采用仪器的工作原理和操作、测量数据的处理、测量结果和结论的正确表达。由于分析化学实验课程本身的特有性质，它在培养学生严格、认真和实事求是的科学态度和坚韧不拔的工作精神，提高学生观察、分析、判断问题的能力，培养科学研究的良好素质等方面具有特殊作用。

  由于现在班级规模大、课程学时少，为了达到使每一个学生能够得到更好的系统实验技能训练的目的，我们把实验的具体内容分成五个单元。本书主要包括三部分。分析化学实验基本知识、单元课堂实验和附录。分析化学实验基本知识部分共六章；单元课堂实验为分析化学实验的具体内容，共五个单元，因为沉淀滴定和重量分析的内容许多专业基本不开展，所以本书没有编入，而编入了一些在工业分析化学实验和水分析化学实验中常常涉及的实验内容，为相关的学科实验提供参考。

  本书由李慎新主编。参加编写的人员和编写的内容如下：卢燕（实验 3、4），向珍（实验 6、8、11、12），王涛（实验 1 和绪论、第一部分第 5 章分析天平）、其余内容由李慎新编写。全书由李慎新统稿。

  本书的出版得到了四川理工学院教务处和化学与制药工程学院

领导的关心和大力支持，承担分析化学实验教学的老师们对本书的编写提出了宝贵意见。在此表示衷心感谢！

由于编者水平所限，书中难免有不妥之处，望读者批评指正。

编者

2010 年 5 月

目　　录

绪论…………………………………………………………………… 1

第一部分　分析化学实验基本知识………………………………… 6

第1章　分析化学实验室安全知识和规则………………………… 6

第2章　分析化学实验用水 ……………………………………… 13

第3章　分析化学实验常用试剂的规格及试剂的使用
　　　　和保存 ……………………………………………… 15

第4章　定量化学分析中的常用器皿 …………………………… 18

第5章　分析天平 ………………………………………………… 20

第6章　滴定分析基本操作 ……………………………………… 27

第二部分　单元课堂实验…………………………………………… 42

一、基本操作实验单元 …………………………………………… 42

实验1　分析天平基本操作及称量练习 ………………………… 42

实验2　酸碱溶液的配制和浓度的比较——滴定分析基本操作
　　　　训练……………………………………………………… 45

二、酸碱滴定分析法实验单元 …………………………………… 49

实验3　酸的配制和标定及混合碱中 NaOH 及 Na_2CO_3 含量的
　　　　测定……………………………………………………… 49

实验4　氢氧化钠溶液的配制和标定及醋酸含量的测定 ……… 54

实验5　碱的配制和标定及硫酸铵含氮量的测定（甲醛法）…… 58

实验6　水中碱度的测定（酸碱滴定法）………………………… 62

实验7　果汁饮料中总酸度的测定——酸碱滴定法 …………… 66

三、配位滴定分析法实验单元 …………………………………… 69

实验8　EDTA 标准溶液的配制和标定及水硬度的测定 ……… 69

实验9　总铁的测定——EDTA 滴定法 ………………………… 76

四、氧化还原滴定分析法实验单元 ················· 80

　　实验 10　高锰酸钾标准溶液的配制和标定及过氧化氢含量
　　　　　　的测定 ················· 80

　　实验 11　水中高锰酸钾盐指数的测定（高锰酸钾法） ······· 84

　　实验 12　化学需氧量的测定——重铬酸钾法 ······· 89

五、分光光度法实验单元 ················· 94

　　实验 13　钢铁中磷的测定——磷钼蓝光度法 ······· 94

　　实验 14　邻二氮菲分光光度法测定铁的条件研究及微量铁
　　　　　　的测定 ················· 98

附录 ················· 101

　　附录 1　常用酸、碱溶液的配制 ················· 101

　　附录 2　分析实验中有关单位符号 ················· 102

　　附录 3　常用基准物质的干燥条件和应用 ················· 103

　　附录 4　弱酸及其共轭碱在水中的离解常数 ················· 104

　　附录 5　常用的缓冲溶液 ················· 106

　　附录 6　常用的指示剂 ················· 107

　　附录 7　氨羧配合剂类配合物的稳定常数 ················· 110

　　附录 8　常见化合物的摩尔质量 ················· 111

参考文献 ················· 116

绪　　论

1. 分析化学实验的要求

分析化学实验课程的基本要求是：在实验教学过程中，注重培养学生发现问题和解决问题的能力，要求学生自觉、主动地接受严格训练，培养学生进行科学研究的良好实验习惯。实验前做好充分的预习，实验中注意观察现象，按要求做好原始记录，实验后正确处理所得数据，能够正确表达测量结果和结论，写出合乎要求的实验报告。

2. 实验前的预习

实验前的预习是进入实验室进行实验的必须准备。进入实验室前必须做到：

（1）明确实验目的和要求，查阅有关文献资料，理解实验原理（理论准备）。

（2）列出实验所需的仪器和试剂（标明规格），并计划好试剂、基准物、试样的所需量（物质准备）。

（3）拟定实验提纲，简明扼要地列出实验程序、操作方法和实验次数（这项作为预习的重点），并预先画好数据记录表格，使记录数据一目了然（工作准备）。

（4）准备好分析化学实验预习记录本，将一个实验的预习、原始记录、数据处理等（即实验的全过程）都写在同一个本子上（实验收获）。

3. 实验数据的记录和处理

原始记录是科学实验最宝贵的第一手资料，应以实事求是的科学态度准确、客观地记录有关数据和现象，切忌夹杂主观因素。即使实验数据并不理想，也只能认真地分析原因，绝不能虚造或拼凑数据。记录数据应注意以下几点：

（1）用钢笔或圆珠笔记录数据，不要用铅笔，以免模糊不清造成失误。

（2）字迹要清楚，记下的数据需改动时，应该将错误数据用横线划去，再在旁边写上正确的数字，不要在原来的数据上涂改，平行实验之间的相对偏差一般要求不超过$\pm 0.2\%$或$\pm 0.3\%$。

（3）记录测量数据时，应根据测量仪器的性能和实验的具体要求，保留应有的有效数字。如滴定管体积应读至小数点后两位，24.32mL 等。

（4）根据实验要求进行数据以及误差的处理，并写出符合要求的实验报告。

4. 实验报告

实验完毕后，应及时将所得数据进行处理，并写出符合要求的实验报告。没有实验报告的实验是一次无效的实验。分析化学实验报告的内容一般包括以下内容：

（1）实验编号，实验名称。

（2）实验目的、意义。

（3）实验内容

简明写清楚用什么实验方法、怎样测定试样中的什么组分等。

（4）实验结果的表示

要求用表格、图形将实验结果简明地表示出来。并将数据处理的主要过程和计算公式列出，按实验要求计算结果，得出正确结论。

（5）问题讨论

根据实验中观察到的现象、出现的问题、误差的大小等进行讨论分析，以提高分析问题和解决问题的能力。

5. 实验成绩的评定

实验成绩的构成为：平时成绩 50％＋单元操作考核 50％。

$$考核成绩 = \frac{n\,项实验成绩之和 + 考试成绩}{n+1}。$$

平时成绩包括：①预习（占 15%）；②原始记录（占 15%）；③实验操作技术（占 20%）；④纪律和卫生（占 10%）；⑤结果报告（占 40%）。

6. 严格遵守实验室的各项规章制度

为使实验室有序、安全地运作和保障实验人员的人身安全，实验室制定了各项规章制度。每一位到实验室做实验的人员必须严格遵守各项规章制度。

7. 学习方法

学生在学习中要真正实现分析化学实验的教学目的和任务，必须做到以下几点。

① 充分认识理工科专业学习中实验教学与训练、掌握规范操作技术在自身综合素质的培养中的重要性。

② 认真理解实验原理，明确实验要解决的问题和如何去解决问题。

③ 重视分析化学实验的基础训练。必须清楚地认识到：在理解实验原理的前提下，掌握规范的分析化学实验操作技术，是做好分析化学实验的根本保证。有人说，"掌握规范的分析化学实验操作技术，是做好后续课程实验的重要保证，可以受用一辈子"，正是说明了分析化学实验操作技术基础训练的重要性和实用性。

④ 实验前做好充分的预习，列出简明的实验流程。

⑤ 实验中有序地去完成每一个步骤，细心观察实验过程中发生的变化；认真做好原始记录（包括现象和数据）。

⑥ 实验后，根据所得数据和观察到的现象，认真进行实验分析和数据的处理，按要求写出实验报告。

在分析化学和分析化学实验课程的学习中，充分体现理论—实践—理论—实践的认识过程。只有这样才能把理论与实践更好地相结合，才能将知识掌握得更牢固，才能使分析问题解决问题的能力得到更好的提高。

8. 本书需要说明的问题

（1）试剂

① 所用试剂，除特别说明外，均为分析纯（A. R.）。

② 盐酸、硫酸、硝酸、磷酸、氢氟酸、高氯酸、氨水等液态试剂（包括有机溶剂），未标明其具体浓度数据的，即为原装瓶试剂，其有关参数按国家有关规定及标签标明。

（2）溶液及浓度

① 溶液均指水溶液，若非水溶液有特别标明。

② 按体积比配制的溶液

$NH_3 \cdot H_2O(1:1$ 或 $1+1)$：指 1 体积的原瓶氨水与 1 体积的实验用水混合均匀的溶液，以此类推；

$HCl(1:9$ 或 $1+9)$：指 1 体积的原瓶盐酸与 9 体积的实验用水混合均匀的溶液，以此类推；

苯-乙酸乙酯-乙酸（12:7:3）：指 12 体积的苯、7 体积的乙酸乙酯和 3 体积的乙酸混合均匀的溶液，以此类推。

（3）仪器及用品

① 分析天平、砝码、滴定管、移液管、刻度吸管、容量瓶均按国家有关规定及操作规程进行校正。如容量瓶，可按绝对校正操作进行校正，也可采用与移液管配套使用的相对校正。

② 实验部分需要的玻璃仪器作为一般实验仪器，如滴定操作仪器、沉淀重量法操作仪器等一般不在实验中一一列出，只有较特殊的操作才列出有关仪器及用品。滴定操作使用的仪器，一般滴定管规格为 50mL、锥形瓶为 250mL，如个别实验特殊要求，另列出。

③ 实验所需要的玻璃仪器或器皿，必须都按要求选择及处理后才能使用。例如：容量瓶，先视实验所需选择规格（如 100mL、

250mL），用细绳将瓶塞系好，试漏检查后再洗至不挂水珠，备用。

④ 实验所需试剂基本全部详细列出，并有试剂配制的操作步骤。

（4）其他

① 本书实验部分的实验操作用语采用惯用的术语，如"定容""恒重""陈化""滴加"等。

② 滴定分析中常用的量及分析实验中的单位和符号见附录 2。

③ 本教材采用国际单位制及测试工作中法定的计量单位。

第一部分 分析化学实验基本知识

第1章 分析化学实验室安全知识和规则

1.1 分析化学实验室安全知识

为保障进入实验室工作人员的人身安全和国家财产安全，保证实验室承担的教学和科研工作的顺利进行，当第一次进入实验室时，该实验室相关负责人的首要职责，就是对未来实验的人员进行安全教育。而作为学习与化学相关专业的学生本人，必须具备最基本的实验室安全知识。

人们在长期的化学实验过程中，总结了关于实验室工作安全的七个字："水、电、门、窗、气、废、药"，这七个字涵盖了实验室工作中使用水、电、气体、试剂、实验过程产生的废物处理和安全防范的关键字眼。下面分别对上述问题进行讨论。

1.1.1 实验室用水安全

使用自来水后要及时关闭阀门，尤其遇突然停水时，要立即关闭阀门，以防来水后跑水。离开实验室之前应再检查自来水阀门是否完全关闭（使用冷凝器时容易忘记关闭冷却水，要特别注意）。

1.1.2 实验室用电安全

实验室用电有十分严格的要求，不能随意。必须注意以下几点：

（1）所有电器必须由专业人员安装。

　　（2）不得任意另拉、另接电源。

　　（3）在使用电器时，先详细阅读有关的说明书及资料，并按照要求去做。

　　（4）所有电器的用电量应与实验室的供电及用电端口匹配，绝不可超负荷运行，以免发生事故。谨记：任何情况下发现用电问题（事故）时，应首先关闭电源！

　　（5）发生触电事故的应急处理：若遇触电事故，应立即使触电者脱离电源——拉下电源或用绝缘物将电线拨开（注意千万不可徒手去拉触电者，以免抢救者也被电流击倒）。同时，应立即将触电者抬至空气新鲜处，如电击伤害较轻，则触电者短时间内可恢复知觉；若电击伤害严重或已停止呼吸，则应立即为触电者解开上衣并及时做人工呼吸和给氧。对触电者的抢救必须要有耐心（有时要连续数小时），同时忌注射强心兴奋剂。

1.1.3　实验室用火（热源）安全

　　目前，实验过程中使用的热源大多用电，但也有少数直接用明火（如用煤气灯）。首先，不管采用什么形式获得热源都必须十分注意用火（热源）的规定及要求：

　　（1）使用燃气热源装置，应经常对管道或气罐进行检漏，避免发生泄漏引起火警。

　　（2）加热易燃试剂时，必须使用水浴、油浴或电热套，绝对不可使用明火。

　　（3）若加热温度有可能达到被加热物质的沸点，则必须加入沸石（或碎瓷片），以防暴沸伤人，实验人员不得离开实验现场。

　　（4）用于加热的装置，必须是规范厂家的产品，不可随意使用简便的器具代替。

　　（5）如果在实验过程中发生火灾，第一时间要做的是：将电源和热源（或煤气等）断开。起火范围小可以立即使用合适的灭火器材进行灭火，但若火势有蔓延趋势，必须同时立即报警。

常用的灭火器及其适用范围见表 1-1。

表 1-1　常用的灭火器及其适用范围

类　型	药液成分	适用范围
水型（水雾、泡沫）	水、阻燃剂	木材、织物、纸品类火灾
酸碱式	$H_2SO_4 + NaHCO_3$	非油类及非电器灭火的一般火灾
泡沫式	$Al_2(SO_4)_3 + NaHCO_3$	油类灭火
二氧化碳	液体 CO_2	电器灭火
四氯化碳	液体 CCl_4	电器灭火
干粉	粉末主要成分为 Na_2CO_3 等盐类物质，加入适量润滑剂、防潮剂	油类、可燃气体、电器设备、文件记录和遇水燃烧等物品的初期火灾
1211	CF_2ClBr	油类、有机溶剂、高压电器设备、精密仪器等失火

　　水虽然是大家共知的常用灭火材料，但在化学实验室的灭火中要慎用。因为大部分易燃的有机溶剂都比水轻，会浮在水面上流动，此时用水灭火，非但不能灭火反而会使火势扩大蔓延；有的试剂能与水发生剧烈的反应，产生大量的热能引起燃烧加剧，甚至爆炸。

　　根据燃烧物质的性质，国际上统一将火灾分为 A、B、C、D、E 五类，必须根据不同的火灾原因，选择相应的灭火器材。火灾类别及灭火器材的选用见表 1-2。

表 1-2　火灾类别及灭火器材的选用

火灾类型	燃烧物质	灭火器材	注意事项（灭火效果）
A 类	含碳固体类物质，如木材、纸张、棉布等	水型、泡沫式、酸碱式、干粉灭火器、卤代烃灭火器	酸碱式灭火器喷出的主要是水和二氧化碳气体，而泡沫式灭火器除了有水和二氧化碳气体外，同时喷出发泡剂，与水、二氧化碳混合在一起，形成被液体包围的细小气泡群，在燃烧物表面形成抗热性好的泡沫层，阻止燃料汽化和外界氧气的侵入

续表

火灾类型	燃烧物质	灭火器材	注意事项(灭火效果)
B 类	可燃烧液体(液态石油化工产品,甲醇、食用油脂和涂料稀释剂等)或可熔化固体	(液体或可熔化固体燃烧)用干粉、泡沫式灭火器、二氧化碳灭火器,补救水融性 B 类火灾用抗溶性泡沫灭火器	可用泡沫式灭火器,其作用如前述。B 类火灾还可以用二氧化碳灭火器和四氯化碳灭火器,注意:①使用二氧化碳灭火器时人要站在上风处,以免二氧化碳中毒,手和身体不要靠近喷射管和套筒,以防低温(约 $-70℃$)冻伤。另外,二氧化碳灭火器的有效喷射距离仅为 $1.5\sim2m$。②由于四氯化碳在高温下可能会转化为剧毒的光气,所以使用四氯化碳灭火器时应保持一定的距离。切记:不能用水和酸碱式灭火器
C 类	可燃性气体(天然气、城市生活用煤气、沼气、液化石油气等)	干粉灭火器、二氧化碳灭火器和卤代烃灭火器	干粉灭火器灭火时间短、灭火能力强。禁用水、酸碱式和泡沫式灭火器
D 类	可燃性金属(钾、钠、钙、镁、铅、钛等)	砂土、专用干粉灭火器(如 7150 灭火器)	严禁用水、酸碱式、泡沫式和二氧化碳灭火器灭火。扑灭 D 类火灾最经济有效的材料是砂土(注意消防砂土应该清洗干净且放置在固定位置)。另外,偏硼酸三甲酯(TMB)灭火剂,因其受热分解吸收大量的热量,并在可燃性金属表面生成氧化硼保护膜,隔绝空气,实现灭火。原位石墨灭火剂:由于其受热迅速膨胀,生成较厚的海绵状保护层,使燃烧区温度骤降,并隔绝空气,迅速灭火
E 类	带电物体(如电气开关箱、控制箱等)	二氧化碳、干粉、卤代烃灭火器	先断开电源,再用二氧化碳、干粉、卤代烃灭火器(禁止用水)

1.1.4　实验室使用压缩气的安全

　　根据实验室任务的不同,实验室常用的压缩气体及气体钢瓶的标志如表 1-3 所示。

　　使用压缩气(钢瓶)时应注意如下事项。

　　(1) 压缩气体钢瓶有明显的外部标志(见表 1-3),内容气体与外部标志一致。

（2）搬运及存放压缩气体钢瓶时，一定要将钢瓶上的安全帽旋紧。

表 1-3　常用压缩气体钢瓶的标志

内装气体名称	外表涂料颜色	字样	字样颜色	色环
氢气	深绿	氢	红	淡黄单环($p=20$)，淡黄双环($p=30$)
氮气	黑	氮	淡黄	白单环($p=20$)，白色双环($p=30$)
氩气	银灰	氩	深绿	
压缩空气	黑	压缩空气	白	
氧气	天蓝	氧	黑	
液化石油气体（民用）	灰	液化石油气体	红	—
液化石油气体（工业用）	棕	液化石油气体	白	—
硫化氢	灰	硫化氢	红	—
二氧化硫	银灰	二氧化硫	黑	—
二氧化碳	白	二氧化碳	黑	黑单环($p=20$)
光气（碳酰氯）	白	液化光气	黑	—
氨气	黄	液化氨	黑	—
氯气	草绿	液化氯	白	红
氦气	银灰	氦	深绿	白单环($p=20$)，白色双环($p=30$)
氖气	银灰	氖	深绿	
1-丁烯	棕	液化丁烯	黄	—
氧化亚氮	灰	氧化亚氮	黑	—
环丙烷	棕	环丙烷	白	—
乙烯	棕	液化乙烯	淡黄	—
乙炔	白	乙炔	红	—
氟氯烷	铝白	液化氟氯烷	红	—
其他可燃气	红	（气体名称）	白	—
其他非可燃气	黑	（气体名称）	黄	—

（3）搬运气瓶时，要用特殊的担架或小车，不得将手扶在气门上，以防气门被打开。气瓶直立放置时要用铁链等进行固定。

（4）开启压缩气体钢瓶的气门开关及减压阀时，旋开速度不能太快，应逐渐打开，以免气体过急流出，发生危险。

（5）瓶内气体不得用尽，剩余残压一般不应小于数百千帕，否则将导致空气或其他气体进入钢瓶，再次充气时将影响气体的纯度，甚至发生危险。

1.1.5　化学实验废液（物）的安全处理

由于化学实验室的实验项目繁多，所使用的试剂与反应后的废物也大不相同，一些毒害物质不能随手倒入水槽中。例如，氰化物的废液，若倒入强酸性介质中将立即产生剧毒的 HCN，因此，一般将含有氰化物的废液倒入碱性亚铁盐溶液中，使其转化为亚铁氰化物盐类，再作废液集中处理。又如重铬酸钾标准溶液是常用的标准溶液之一，用剩的重铬酸钾溶液应将其转化为三价铬再作废液处理，绝不允许未经允许就倒入下水道。国家标准 GB 8978—2002《污水综合排放标准》。对第一类污染物（指能在环境或动物体内蓄积，对人体产生长远影响的污染物）最高允许排放浓度做了严格的规定，如表 1-4 所示。

表 1-4　第一类污染物的最高允许排放浓度

污染物	最高允许排放浓度 /mg·L^{-1}	污染物	最高允许排放浓度 /mg·L^{-1}
总汞	0.05（烧碱行业采用 0.005）	总砷	0.5
烷基汞	不得检出	总铅	1.0
总镉	0.1	总镍	1.0
总铬	1.5	苯并[a]芘	0.00003
六价铬	0.5	总银	0.5

（1）含汞废液的处理

将废液调至 pH 8～10，加入过量的硫化钠，使其生成硫化汞沉淀，再加入共沉淀剂硫酸亚铁，生成的硫化铁吸附溶液中悬浮的硫化汞微粒而生成共沉淀。弃去清夜，残渣用焙烧法回收汞，或再制成汞盐。

（2）含砷废液的处理

加入氧化钙，调节 pH 值为 8 生成砷酸钙和亚砷酸钙沉淀。或调节 pH 值为 10 以上，加入硫化钠与砷反应，生成难溶低毒的硫化物沉淀。

（3）含铅、镉废液

用消石灰将 pH 值调节为 8~10，使 Pb^{2+}、Cd^{2+} 生成 $Pb(OH)_2$ 和 $Cd(OH)_2$ 沉淀，加入硫化亚铁作为共沉淀剂，使之沉淀。

（4）含氰废液

用氢氧化钠调节 pH 值为 10 以上，加入过量的高锰酸钾（3%）溶液，使 CN^- 氧化分解，如 CN^- 含量高，可加入过量的次氯酸钙和氢氧化钠溶液。

（5）含氟废液

加入石灰生成氟化钙沉淀。

（6）含 Cr^{6+} 废液的处理

我国环境保护有关法律规定 Cr^{6+} 最高允许排放浓度 $0.5mg \cdot L^{-1}$，而有些国家往往限制到 $0.05mg \cdot L^{-1}$。Cr^{6+} 的处理方法，一般常用化学还原法，还原剂可用二氧化硫、硫酸亚铁、亚硫酸氢钠等。如：

$$3SO_2 + Na_2Cr_2O_7 + H_2SO_4 \Longrightarrow Cr_2(SO_4)_3 + Na_2SO_4 + H_2O$$

铬酸盐被还原后，应使用石灰或氢氧化钠将铬酸盐转化成氢氧化铬从水中沉淀下来再另作处理。

$$Cr_2(SO_4)_3 + 3Ca(OH)_2 \Longrightarrow 2Cr(OH)_3 \downarrow + 3CaSO_4$$

1.2　化学实验室的安全防范

由于化学实验室一般都存放有化学试剂、易燃易爆的气体、有机溶剂和小量剧毒药品等，因此，必须十分重视实验室的安全防范工作。对所有在实验室工作的人员和上实验课的学生，都必须进行安全教育，使所有人员都知道如何安全地进行工作和学习，更应该知道当事故发生时，应如何面对和采取怎样的应急措施。

所以，实验室的安全十分重要，所有人员必须遵守实验室安全规则，使大家都有一个安全的工作和学习环境。

1.3　分析化学实验室规则

由于分析化学实验要用到各种试剂、仪器和设备以及根据不同实验内容所配套使用的必需品，为保障进入实验室工作人员的人身安全和国家财产安全，保证实验室承担的教学和科研工作的顺利进行，所有的实验室都制定了相关的规章制度，要求进入实验室的人员遵守。不同的实验室有各种不同的规章制度。分析化学实验室中，其规章制度有通用型的实验室规则，如，实验室安全管理制度、实验室开放的管理规定、仪器室管理规则、学生实验手册等。同时，还有适用于分析化学实验室的具体规则，如，分析天平室规则、红外光谱实验室规则、色谱实验室规则等。

第 2 章　分析化学实验用水

分析化学实验用水必须使用纯水，一般是蒸馏水或去离子水。有的实验要求用二次蒸馏水或更高规格的纯水（如电分析化学、液相色谱等的实验）。纯水并非绝对不含杂质，只是杂质含量极微而已。分析化学实验室用水的级别及主要技术指标见表 2-1。

表 2-1　分析化学实验室用水的级别及主要技术指标（摘自 GB 6682—2008）

指标名称		一级水	二级水	三级水
pH 值范围(25℃)		—	—	5.0～7.5
电导率(25℃)/mS·m^{-1}	≤	0.01	0.10	0.50
可氧化物质(以 O 计)/mg·L^{-1}	≤		0.08	0.4
蒸发残渣(105℃±2℃)/mg·L^{-1}	≤		1.0	2.0

指标名称		一级水	二级水	三级水
吸光度(254nm,1cm 光程)	≤	0.001	0.01	—
可溶性硅(以 SiO_2 计)/mg·L^{-1}	≤	0.01	0.02	—

注：在一级、二级纯度的水中，难以测定真实的 pH 值，因此对其 pH 值的范围不作规定；在一级水中难以测定其可氧化物质和蒸发残渣，故也不作规定。

2.1　蒸馏水

通过蒸馏方法除去水中非挥发性杂质而得到的纯水称为蒸馏水。同是蒸馏所得纯水，所含有的杂质种类和含量并不相同。用玻璃蒸馏器蒸馏所得的水含有 Na^+ 和 SiO_3^{2-} 等；而用铜蒸馏器所制得的纯水则可能含有 Cu^{2+}。

2.2　去离子水

利用离子交换剂去除水中的阳离子和阴离子杂质所得的纯水，称为离子交换水或"去离子水"。未进行处理的去离子水可能含有微生物和有机杂质，使用时应注意。

2.3　无 CO_2 蒸馏水

将蒸馏水或去离子水煮沸 15min，冷却至室温即为无 CO_2 蒸馏水。pH 值应大于 6.0，电导率小于 $2\mu S\cdot cm^{-1}$。无 CO_2 蒸馏水应储存在带有碱石灰管的橡皮塞盖严的瓶中。

2.4　纯水质量的检验

纯水的质量检验指标很多，分析化学实验室主要对实验用水的电导率、酸碱度、钙镁离子含量、氯离子的含量等进行检测。

（1）电导率

选用适合测定纯水的电导率仪（最小量程为 $0.02mS\cdot m^{-1}$）测定，见表 2-1。

（2）酸碱度

要求 pH 值为 6～7，检验方法如下。

① 简易法　取 2 支试管，各加待测水样 10mL，其中一支加入两滴甲基红指示剂应不显红色；另一支试管加 5 滴 0.1% 溴麝香草酚蓝（溴百里酚蓝）不显蓝色为合格。

② 仪器法　用酸度计测量与大气相平衡的纯水的 pH 值，在 6～7 为合格。

（3）钙镁离子含量

取 50mL 待测水样，加入 pH＝10 的氨水-氯化铵缓冲液 1mL 和少许铬黑 T（EBT）指示剂，不显红色（应显纯蓝色）。

（4）氯离子含量

取 10mL 待测水样，用 2 滴 $1mol \cdot L^{-1}$ HNO_3 酸化，然后加入 2 滴 $10g \cdot L^{-1}$ $AgNO_3$ 溶液，摇匀后不浑浊为合格。

化学分析法中，除配位滴定必须用去离子水外，其他方法均可采用蒸馏水。分析实验用的纯水必须保持纯净，避免污染。通常采用聚乙烯为材料制成的容器盛装分析化学实验用纯水。

第 3 章　分析化学实验常用试剂的规格及试剂的使用和保存

　　分析化学实验中所用试剂的质量，直接影响分析结果的准确性，因此应根据所做实验的具体情况，如分析方法的灵敏度与选择性，分析对象的含量及对分析结果准确度的要求等，合理选择相应级别的试剂，在既能保证实验正常进行的同时，又可避免不必要的浪费。另外试剂应合理保存，避免污染和变质。

3.1　化学试剂的分类

　　化学试剂产品已有数千种，而且随着科学技术和生产的发展，新的试剂种类还将不断产生，现在还没有统一的分类标准，本书只简要地介绍标准试剂、一般试剂、高纯试剂和专用试剂。

（1）标准试剂

标准试剂是用于衡量其他（欲测）物质化学量的标准物质，习惯上称为基准试剂，其特点是主体含量高，使用可靠。我国规定滴定分析第一基准和滴定分析工作基准的主体含量分别为 $100\% \pm 0.02\%$ 和 $100\% \pm 0.05\%$。主要国产标准试剂的种类及用途见表 3-1。

（2）一般试剂

一般试剂是实验室最普遍使用的试剂，其规格是以其中所含杂质的多少来划分，包括通用的一、二、三、四级试剂和生化试剂等。一般试剂的分级、符号、标签颜色和适用范围列于表 3-2。

表 3-1　主要国产标准试剂的种类及用途

类　别	主　要　用　途
滴定分析第一基准试剂	工作基准试剂的定值
滴定分析工作基准试剂	滴定分析标准溶液的定值
滴定分析标准溶液	滴定分析法测定物质的含量
杂质分析标准溶液	仪器及化学分析中作为微量杂质分析的标准
一级 pH 基准试剂	pH 基准试剂的定值和高精密度 pH 计的校准
pH 基准试剂	pH 计的校准（定位）
热值分析试剂	热值分析的标定
气相色谱分析标准试剂	气相色谱法进行定性和定量分析的标准
临床分析标准溶液	临床化验
农药分析标准溶液	农药分析
有机元素分析标准试剂	有机元素分析

注：不同国家生产的试剂，其分类可能不同，在使用时要特别注意。

表 3-2　一般化学试剂的规格及选用

级　别	中文名称	英文符号	适用范围	标签颜色
一级	优级纯（保证试剂）	G. R.	精确分析实验及科研	绿色
二级	分析纯（分析试剂）	A. R.	一般分析实验及科研	红色
三级	化学纯	C. P.	一般化学实验及工业分析	蓝色

续表

级　别	中文名称	英文符号	适用范围	标签颜色
四级	实验试剂	L. R.	一般化学实验 辅助试剂	棕色或其他颜色
生化试剂	生化试剂(生物染色剂)	B. R.	生物化学及 医用化学实验	咖啡色或玫瑰色

（3）高纯试剂

高纯试剂最大的特点是其杂质含量比优级或基准试剂都低，用于微量或痕量分析中试样的分解和试液的制备，可最大限度地减少空白值带来的干扰，提高测定结果的可靠性。同时，高纯试剂的技术指标中，其主体成分与优级或基准试剂相当，但标明杂质含量的项目则多1～2倍。

（4）专用试剂

专用试剂顾名思义是指专门用途的试剂。例如在色谱分析法中用的色谱纯试剂，色谱分析专用载体、填料、固定液和薄层分析试剂，光学分析法中使用的光谱纯试剂和其他分析法中的专用试剂。专用试剂除了符合高纯试剂的要求外，更重要的是在特定的用途中其干扰的杂质成分要在不产生明显干扰的限度之下。专用试剂的品种繁多，可根据实际工作要求选用。

3.2　使用试剂注意事项

①　打开瓶盖（塞）取出试剂后，应立即将瓶盖（塞）盖好，以免试剂吸潮、玷污和变质。

②　瓶盖（塞）不许随意放置，以免被其他物质玷污，影响原瓶试剂的质量。

③　应直接从原试剂瓶取用，多取的试剂不允许倒回原试剂瓶。

④　固体试剂应用洁净干燥的小勺取用。取用强碱性试剂后的小勺应立即洗净，以免腐蚀。

⑤　用吸管取用液态试剂时，绝不可用同一吸管同时吸取两种试剂。

⑥　盛装试剂的瓶上，应贴有标明试剂名称、规格及出厂日期

的标签，没有标签或标签字迹难以辨认的试剂，在未确定其成分前，不能随便使用。

3.3　试剂的保存

试剂放置不当可能引起质量和组分的变化，因此，正确保存试剂非常重要。一般化学试剂应保存在通风良好、干净的房子里，避免水分、灰尘及其他物质的玷污，并根据试剂的性质采取相应的保存方法和措施。

① 容易腐蚀玻璃而影响纯度的试剂，应保存在塑料或涂有石蜡的玻璃瓶中。如氢氟酸、氟化物（氟化钠、氟化钾、氟化铵）、苛性碱（氢氧化钾、氢氧化钠）等。

② 见光易分解、遇空气易被氧化和易挥发的试剂应保存在棕色瓶里，放置在冷暗处。如过氧化氢（双氧水）、硝酸银、焦性没食子酸，高锰酸钾、草酸、铋酸钠等属见光易分解的物质；氯化亚锡、硫酸亚铁、亚硫酸钠等属易被空气逐渐氧化的物质；溴、氨水及大多有机溶剂属易挥发的物质。

③ 吸水性强的试剂应严格密封保存。如无水碳酸钠、苛性钠、过氧化物等。

④ 易相互作用、易燃、易爆炸的试剂，应分开贮存在阴凉通风的地方。如酸与氨水、氧化剂与还原剂属易相互作用的物质；有机溶剂属易燃试剂；氯酸、过氧化氢、硝基化合物属易爆炸试剂等。

⑤ 剧毒试剂应专门保管，严格取用手续，以免发生中毒事故。如氰化物（氰化钾、氰化钠）、氢氟酸、氯化汞、三氧化二砷（砒霜）等属剧毒试剂。

第4章　定量化学分析中的常用器皿

在定量化学分析（尤其是滴定分析）中常用的仪器，大部分属玻璃制品，按玻璃材质的性能，有的玻璃仪器（如烧杯、烧瓶、锥形瓶和试管）可加热，而如试剂瓶、量筒、容量瓶、滴定管等各类仪器都不能用于加热。另外，还有特殊用途的玻璃仪器如：干燥器、漏斗、称量瓶等（见图 4-1）。在实验中，应根据具体要求来选择使用仪器。

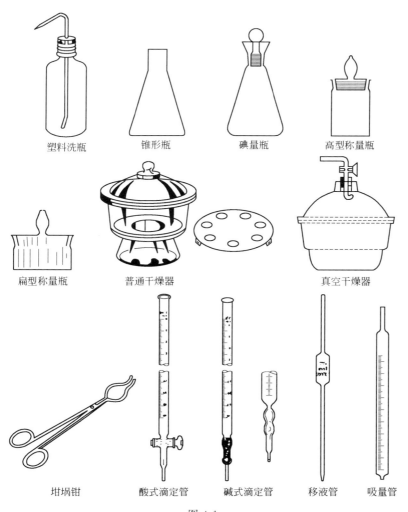

| 塑料洗瓶 | 锥形瓶 | 碘量瓶 | 高型称量瓶 |

| 扁型称量瓶 | 普通干燥器 | 真空干燥器 |

| 坩埚钳 | 酸式滴定管 | 碱式滴定管 | 移液管 | 吸量管 |

图 4-1

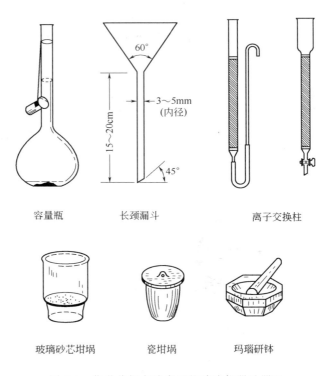

容量瓶　　　　　　长颈漏斗　　　　　　　　离子交换柱

玻璃砂芯坩埚　　　　瓷坩埚　　　　　玛瑙研钵

图 4-1　化学分析实验常用的玻璃仪器及器皿

第5章　分析天平

　　分析天平是精确测定物质质量的重要计量仪器。在定量分析中，经常要准确称量一些物质的质量，称量的准确度直接影响测定的准确度。因此，熟悉分析天平的构造和性能，掌握它的使用方法和维护知识是学习分析化学必须具备的基本功。

5.1　分析天平的分类及各类天平的特点

从分析天平的构造原理来分类，分析天平分为机械式天平（杠杆天平）和电子天平两大类。杠杆天平又可以分为等臂双盘天平和不等臂双刀单盘天平。双盘天平还可分为摆动天平和阻尼天平（有阻尼器）、普通标牌和微分标牌天平（有光学读数装置，亦称为电光天平）。按加码器加码范围，可分为部分机械加码和全部机械加码。由于双盘天平存在不等臂性误差、空载和实载灵敏度不同及操作较麻烦等固有的缺点，逐渐被不等臂单盘天平代替。不等臂单盘天平采用全量机械减码，克服了双盘天平的缺点，操作更简便。

电子天平由于采用电磁力平衡的原理，没有刀口刀承，无机械磨损，采用全部数字显示，称量快速，只需几秒钟就可显示称量结果。电子天平连接计算机和打印机后可具有多种功能，是代表发展趋势的最先进的天平，已经得到广泛应用。

如按最大称量值划分，天平还可分为大称量天平、微量天平、超微量天平等。

杠杆式机械分析天平是根据杠杆原理设计而成的。目前，机械天平几乎被淘汰，所以下面我们简要介绍电子天平的基本结构及称量原理。有关机械天平的知识可以参阅有关资料。

5.2　电子天平

5.2.1　电子天平的基本结构及称量原理

电子天平是最新一代的天平，它根据电磁力平衡原理直接称量，全量程不需砝码。放上称量物后，在几秒钟内即达到平衡，显示读数，称量速度快，精度高。电子天平的支承点用弹性簧片取代机械天平的玛瑙刀口，用差动变压器取代升降枢装置，用数字显示代替指针刻度式。因而，电子天平具有使用寿命长、性能稳定、操作简便和灵敏度高的特点。此外，电子天平还具有自动校正、自动去皮、超载指示、故障报警等功能以及具有质量电信号输出功能，且可与打印机、计算机联用，进一步扩展其功能，如统计称量的最大值、最小值、平均值及标准偏差等。由于电子天平具有机械天平无法比拟的优点，尽管其价格较贵，但也会越来越广泛地应用于各个领域并逐步取代机械天平。

随着现代科学技术的不断发展，电子天平产品的结构设计一直在不断改进和提高，向着功能多、平衡快、体积小、质量轻和操作简便的趋势发展。但就其基本结构和称量原理而言，各种型号的电子天平都是大同小异的。

常见电子天平的结构是机电结合式的，核心部分由载荷接受与传递装置、载荷测量及补偿控制装置两部分组成。常见电子天平的基本结构及称量原理如图 5-1 所示。

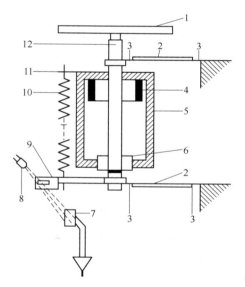

图 5-1　电子天平的基本结构及称量原理示意图

1—秤盘；2—平行导杆；3—挠性支撑簧片；4—线性绕组；

5—永久磁铁；6—截流线圈；7—接收二极管；8—发光二极管；

9—光闸；10—预载弹簧；11—双金属片；12—盘支撑

　　载荷接受与传递装置由称量盘、盘支撑、平行导杆等部件组成，它是接受被称物和传递载荷的机械部件。平行导杆是由上下两个三角形导向杆形成一个空间的平行四边形（从侧面看）结构，以维持称量盘在载荷改变时进行垂直运动，并可避免称量盘倾倒。

　　载荷测量及补偿控制装置是对载荷进行测量，并通过传感器、转换器及相应的电路进行补偿和控制的部件单元。该装置是机电结合式的，既有机械部分，又有电子部分，包括示位器、补偿线圈、电力转换器的永久磁铁、控制电路等部分。

　　电子装置能记忆加载前示位器的平衡位置。所谓"自动调零"就是能记忆和识别预先调定的平衡位置，并能自动保持这一位置。称量盘上载荷的任何变化都会被示位器察觉并立即向控制单元发出信号。当称量盘上加载后，示位器发生位移并导致补偿线圈接通电流，线圈内就产生垂直的力，这种作用于称量盘上的外力使示位器准确地回到原来的平衡位置。载荷越大，线圈中通过电流的时间越长，通过电流的时间间隔是由通过平衡位置扫描的可变增益放大器来调节的，而且这种时间间隔与称量盘上所加载荷成正比。整个称量过程均由微处理器进行计算和调控。这样，当称量盘上加载后，即接通了补偿线圈的电流，计算器就开始计算冲击脉冲，达到平衡后，就自动显示出载荷的质量值。

　　目前的电子天平多数为上皿式（即顶部加载式），悬盘式已很少见，内校式（标准砝码预装在天平内，触动校准键后由马达自动加码并进行校准）多于外校式（附带标准砝码，校准时夹到称量盘上），使用非常方便。

5.2.2　电子天平的使用

　　尽管电子天平种类繁多，但其使用方法大同小异，具体操作可参看各仪器的使用说明书。下面以上海天平仪器厂生产的 FA1604 型电子天平（图 5-2）为例，简要介绍电子天平的使用方法。

　　① 水平调节。观察水平仪，如水平仪水泡偏移，需调整水平

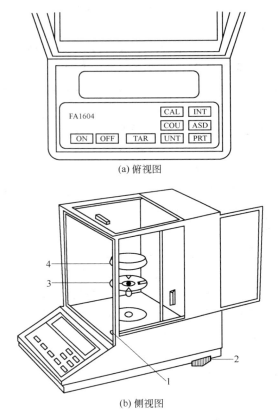

(a) 俯视图

(b) 侧视图

图 5-2　FA1604 型电子天平外形
1—水平仪；2—水平调节脚；3—盘托；4—秤盘
ON—开启显示器键；OFF—关闭显示器键；TAR—清零、去皮键；
CAL—校正键；INT—积分时间调整键；COU—点数功能键；
ASD—灵敏度调整键；UNT—量值转换键；PRT—输出模式设定键

调节脚，使水泡位于水平仪中心。

　　② 预热。接通电源，预热至规定时间后，开启显示器进行操作。

③ 开启显示器。轻按 ON 键，显示器全亮，约 2s 后，显示天平的型号，然后是称量模式 0.0000g。读数时应关上天平门。

④ 天平基本模式的选定。天平通常为"通常情况"模式，并具有断电记忆功能。使用时若改为其他模式，使用后一经按 OFF 键，天平即恢复通常情况模式。称量单位的设置等可按说明书进行操作。

⑤ 校准。天平安装后，第一次使用前，应对天平进行校准。因存放时间较长、位置移动、环境变化或未获得精确测量，天平在使用前一般都应进行校准操作。本天平采用外校准（有的电子天平具有内校准功能），由 TAR 键清零及 CAL 减、100g 校准砝码完成。

⑥ 称量。按 TAR 键，显示为"0.0000g"后，置称量物于秤盘上，待数字稳定即显示器左下角的"0"标志消失后，即可读出称量物的质量值。

⑦ 去皮称量。按 TAR 键清零，置容器于秤盘上，天平显示容器质量，再按 TAR 键，显示"0.0000g"，即去除皮重。再置称量物于容器中，或将称量物（粉末状物或液体）逐步加入容器中直至达到所需质量，待显示器左下角"0"消失，这时显示的是称量物的净质量。将秤盘上的所有物品拿开后，天平显示负值，按 TAR 键，天平显示 0.0000g。若称量过程中秤盘上的总质量超过最大载荷（FA1604 型电子天平为 160g）时，天平仅显示上部线段，此时应立即减小载荷。

⑧ 称量结束后，若较短时间内还使用天平（或其他人还使用天平），一般不用按 OFF 键关闭显示器。实验全部结束后，关闭显示器，切断电源，若短时间内（例如 2h 内）还使用天平，可不必切断电源，再用时可省去预热时间。若当天不再使用天平，应拔下电源插头。

5.2.3　称量方法

常用的称量方法有直接称量法、固定质量称量法和递减称量法，现分别介绍如下。

（1）直接称量法

此法是将称量物直接放在天平盘上直接称量物体的质量。例如，称量小烧杯的质量，容量器皿校正中称量某容量瓶的质量，重量分析实验中称量某坩埚的质量等，都使用这种称量法。

（2）固定质量称量法

此法又称增量法，此法用于称量某一固定质量的试剂（如基准物质）或试样。这种称量操作的速度很慢，适于称量不易吸潮、在空气中能稳定存在的粉末状或小颗粒（最小颗粒应小于 0.1mg，以便容易调节其质量）样品。固定质量称量法如图 5-3 所示。注意：若不慎加入试剂超过指定质量，应用牛角匙取出多余试剂。重复上述操作，直至试剂质量符合指定要求为止。取出的多余试剂应弃去，不要放回原试剂瓶中。操作时不能将试剂散落于天平盘等容器以外的地方，称好的试剂必须定量地由表面皿等容器直接转入接收容器，此即所谓"定量转移"。

图 5-3　固定质量称量法

（3）递减称量法

又称减量法，此法用于称量一定质量范围的样品或试剂。在称量过程中样品易吸水、易氧化或易与 CO_2 等反应时，可选择此法。由于称取试样的质量是由两次称量之差求得，故也称差减法。称量步骤如下：

从干燥器中用纸带（或纸片）夹住称量瓶后取出称量瓶（注意：不要让手指直接触及称量瓶和瓶盖），用纸片夹住称量瓶盖柄，打开瓶盖，用牛角匙加入适量试样（一般为称一份试样量的整数倍），盖上瓶盖。称出称量瓶加试样后的准确质量，记为 m_0。如需要称取 $0.2\sim0.3g$ 某试样，将上述称量瓶置于电子天平的秤盘上，关好天平门，称出称量瓶加试样后的准确质量（也可按清零键，使其显示 $0.0000g$），记为 m_1。然后将称量瓶从天平上取出，在接收容器的上方倾斜瓶身，用称量瓶盖轻敲瓶口正上部（图 5-4），使试样慢慢落入容器中，瓶盖始终不要离开接收器上方。当倾出的试样接近所需量（可从体积上估计或试重得知）时，一边继续用瓶盖轻敲瓶口，一边逐渐将瓶身竖直，使沾附在瓶口上的试样落回称量瓶，然后盖好瓶盖，将称量瓶放回天平秤盘，准确称取其质量，记为 m_2，则称取的试样的质量即为 m_1-m_2（若先清了零，则显示值的绝对值即为试样质量）。按上述方法连续递减，可称量多份试样。有时一次很难得到合乎质量范围要求的试样，可重复上述称量操作 $1\sim2$ 次。

图 5-4　递减称量法

第 6 章　　滴定分析基本操作

在滴定分析中常常要使用多种玻璃量器，其中用于准确量度体积的有滴定管、移液管、容量瓶，通常称滴定分析实验的量具，就是指这三种玻璃仪器。对体积量度的精密度要求不高时则可使用量筒和量杯等器皿。

滴定分析实验量具的使用有严格的要求，必须正确掌握使用这些仪器的规范操作方法。

6.1　体积的单位和温度对体积量度的影响

在滴定分析中所采用的体积基本单位是升（L）和毫升（mL）。1升是指 1kg 水在最大密度温度（3.98℃）和 1 大气压条件下所占的体积，通常在滴定分析中量度的体积都较小，故常用毫升为单位，它与另一个体积单位立方厘米（cm^3）可以交互使用而不影响结果，严格来说两者不完全相同。如：在上述条件下的水 $1mL=1.000028cm^3$。

一定质量的液体，其所占的体积随温度的改变而变化，故量度体积必须注意温度的影响。

通常的量具都是用玻璃材质制作的，而玻璃的温度系数小（大约每相差 1℃，其体积改变 0.03%），只有极精密的工作才需考虑玻璃仪器的温度效应。一般稀溶液的温度膨胀系数大约每 1℃ 体积的改变为 0.025%。在滴定分析中，如果温度变化 5℃ 时，体积的量度就会相差 0.1% 以上，故应进行温度校正，通常实验室标准温度为 20℃，所以仪器的校正也以 20℃ 为标准。

例：在温度为 5℃ 时，取 40.00mL 溶液，试计算在标准室温 20℃ 时的体积。

解：
$$V_{20}=V_5+0.00025\times(20-5)\times40.00$$
$$=40.00+0.15$$
$$=40.15(mL)$$

6.2　准确量度体积的量具

在分析化学实验中，要求准确量度体积时一般使用移液管、滴定管和容量瓶。这些仪器在制造时都要进行校正再标上刻度，但校正时所标的刻度有两种不同含义，一种是指"排出"（to diliver，简写 TD），另一种指"盛装"（to contain，简写 TC）。盛装体积和排出的体积是不一样的。校正时还标明校正时的温度。通常，容量瓶是指 TC 体积，滴定管和移液管是指 TD 体积。还有，从移液管放出溶液至完毕时，末端留下一滴溶液，通常不要吹下。但也有一些仪器厂在校正时说明要吹的，则应按要求规范的操作去做。

以上三种量具在使用前都必须合理选择，嘴、口有破损的不能使用。

6.2.1　移液管和吸量管

（1）单标移液管

移液管是中间有膨大空腔的玻璃管，上段细管部分刻有一标线，如图 6-1(a) 所示，用以准确移取固定体积的溶液，属于量出式量器，常用的规格有 50mL、25mL、20mL、15mL、10mL、5mL、2mL、1mL 等，可根据实验的要求进行选用。这种移液管一般使用的较多，习惯称之为单标移液管。

吸量管是具有分刻度的移液管，可以根据需要移取吸量管刻度上的任何体积。一般用于量取 10mL 以下体积的液体。常用的吸量管规格有 10mL、5mL、2mL、1mL 等。使用时，应该注意其分刻度的标值，仔细分别清楚，以免读数错误。

（2）移液管和吸量管的使用操作

移液管和吸量管的使用方法基本相同，下面以移液管为例介绍它们的使用方法。

① 洗涤

使用前必须用洗涤剂溶液或铬酸洗液洗涤。用洗耳球吸入洗涤剂至移液管膨大部分的一半，放平再旋转几周使内部玻璃壁均接触洗涤剂，随后放出洗涤剂（若用铬酸洗液，防止强腐蚀性的铬酸洗液滴落在外或者身上，洗完后将洗液放回原洗液瓶内），先用自来水冲洗数次后再用蒸馏水洗干净（三遍）。

② 移取溶液

移取溶液前，必须用滤纸或吸水纸将移液管（或吸量管）嘴尖内外的水吸去，然后移取少量该溶液润洗移液管 2～3 次，润洗与洗涤方法相同。用右手的拇指和中指拿住管颈上面，管尖插入溶液液面 2～3cm 深，移取过程中保持嘴尖在溶液液面 2～3cm 深，注意管尖不要伸入液面太浅，防止液面下降后吸入空气，也不要太深，防止移液管外部沾附有过多溶液。用左手拿洗耳球，先将洗耳球捏扁排出其中的空气，然后将洗耳球的尖嘴对紧移液管的上管口，使其不漏气，缓缓松开左手使溶液吸入管内，当液面上升至标线以上时，将洗耳球从移液管口拿开，立即用右手食指压紧管口，如图 6-1（a）。保持食指压紧管口，提起移液管离开液面，左手改拿容量瓶（或试剂瓶），使其倾斜约 30°，使移液管垂直，管尖贴紧容器内壁，轻微减轻食指压力并用右手大拇指和中指转动移液管使溶液慢慢流出，同时观察管内液面，视线平视。当液面弯月面与刻度相切时，立即按紧食指使液体不再流出（有时可用滤纸片将沾在移液管下端的试液擦去，注意滤纸片不可贴在移液管嘴，以免吸去试液），将移液管垂直插入接收器，使移液管下端与接收器内壁接触并将接收器稍倾斜约 30°［见图 6-1（b）］，全放开食指让溶液自由流下，待溶液完全流出后，稍候 15s 后，取出移液管。此时，管尖仍然留有少量液体，如果移液管标有"吹"，则将这部分液体用洗耳球吹入接收容器中，未标"吹"则不能将这部分液体吹入接收容器中。

移液管使用完毕用自来水和蒸馏水洗净，放回仪器架上。

6.2.2　滴定管

滴定管是一根具有均匀刻度的玻璃管，结构如图 6-2 所示。在滴定分析法中用以盛装操作液。在制造时按等分距离进行刻制刻度，由于玻璃管直径不可能绝对均匀，所以同一数值的刻度，也会有误差，所以要进行校正。

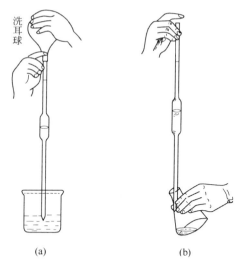

图 6-1　移液管的操作方法

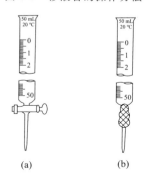

图 6-2　酸式滴定管(a)与碱式滴定管(b)

（1）分类

滴定管按装盛溶液性质不同，分为酸式、碱式和通用型。酸式滴定管下端有活塞以便控制滴定速度，用以盛装酸液或氧化性溶液，不能盛装碱性溶液，否则磨砂旋塞会被腐蚀。碱式滴定管下端连有一小段乳胶管，管内装有直径大于乳胶管内径的玻璃珠，乳胶管下端连有一尖嘴玻璃管。碱式滴定管用以盛装碱液，不能盛装氧化性溶液。近来，已有采用聚四氟乙烯材质制作的滴定管活塞，可用于盛装酸液或碱液，为通用型滴定管。

（2）规格

滴定管有各种不同的规格，如 5mL、10mL、25mL、50mL、100mL 等，可根据不同的要求进行选用。常量分析最常用的为 50mL 和 25mL 滴定管，50mL 的滴定管其最小分度值为 0.1mL，最小刻度间可估读到 0.01mL，也即读数可读至小数点后第二位，一般读数误差为 ±0.01mL。滴定管的容量精读有 A、B 两级，其中 A 级精度较高。表 6-1 为国家规定的不同规格滴定管的容量允差（摘自国家标准 GB 12805—2011）。

表 6-1 滴定管容量允差

标称容量		1	2	5	10	25	50	100
最小分度值		0.01	0.01	0.02	0.05	0.1	0.1	0.2
允差	A 级	±0.010	±0.010	±0.010	±0.025	±0.04	±0.05	±0.10
	B 级	±0.020	±0.020	±0.020	±0.050	±0.08	±0.10	±0.20

（3）滴定管的使用操作

① 酸式滴定管

仔细检查滴定管的各部分是否完好无损，旋塞是否转动灵活，旋塞孔是否被堵死，刻度是否清晰完整，尖嘴是否完好等。

当滴定管装满溶液后，不应滴液或渗液，若发现滴液或渗液情况，一般是由于活塞不配套或活塞涂油不正确引起的。若是活塞不配套，属产品质量问题，无法处理，换用一支合格的即可。若滴定管产品合格，则滴液或渗液的原因一般是活塞涂油不当引起的。正确的涂油方法如下：

a. 清理　将酸式滴定管平放在实验台上，取下活塞小端上的小胶圈，轻轻拔出玻璃活塞，用滤纸将沾在活塞和活塞窝的油和水彻底擦干净。

　　b. 涂油　　在旋塞的两头均匀涂上薄薄的一层凡士林（如图 6-3），但注意与旋塞孔处于同一圆周的一圈不能涂油，否则当旋塞转动时，凡士林油将会把孔堵塞，然后将其插入旋塞窝内（同时，在玻璃活塞的小头套上一小橡皮圈固定，以免活塞脱落），最后，沿同一方向旋转数次，此时，旋塞部位透明，说明涂油均匀，若有条纹样出现，则说明涂油不均匀，应重新处理。涂油合格的滴定管旋塞，在操作时感觉润滑，且装满溶液时，不漏液或渗液。

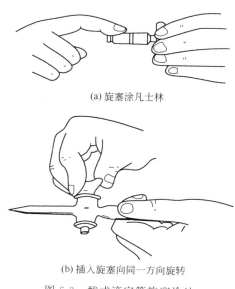

(a) 旋塞涂凡士林

(b) 插入旋塞向同一方向旋转

图 6-3　酸式滴定管旋塞涂油

　　c. 检漏　　将涂好油的酸式滴定管装满水，夹在滴定台上，2min 后观察是否渗液；将旋塞转动 180°后，2min 后再观察，若渗液或漏液就必须重新涂油，直至不渗漏液为止。

　　d. 洗涤　　将酸式滴定管的活塞关紧，注入 15～20mL 的洗涤液，慢慢将滴定管放平，并转动滴定管，使洗涤液与滴定管的内壁充分接触。将洗涤液从滴定管口倒出，也从滴定管嘴放出。先用自来水再用蒸馏水洗涤滴定管后，将其倒挂在滴定管架上。

② 碱式滴定管

同理，碱式滴定管装满溶液后也应不滴液或渗液，若发现滴液或渗液情况，可能是因为胶管老化无弹性，换一条胶管即可；或是可能玻璃珠的大小与胶管不配套，可换一颗合适的玻璃珠。

a. 用前处理   若碱式滴定管的内壁挂水珠，且用一般的洗涤剂仍不能清洗干净时，可按下面方法进行处理：将碱式滴定管胶管以下的部分小心取下，用一小胶头套上，加入铬酸洗液约 20～30mL，一边转动一边将滴定管放平，使管内表面与铬酸洗液完全接触。边转动边从滴定管口放出洗液，用自来水冲洗数次，再用蒸馏水洗涤 2～3 次，将其倒挂在滴定管架上。

b. 装入操作液及读数方法   倾入少量（15～20mL）操作溶液，按上述洗涤的操作处理三次，每次都要与内壁充分接触，并从滴定管下口放出，随后装入操作液，倾满至刻度"0"以上；对于酸式滴定管，可以迅速打开活塞以排去滴定管下部的空气泡；碱式滴定管排除气泡的操作方法见图 6-4。最后调节体积读数至零或零以下（0.5mL 内）的位置，稍停片刻才读取并记录滴定前滴定管读数。

读取滴定管内溶液的体积数据时，应把滴定管从滴定管架上取下，用拇指和食指两个手指握住滴定管上部无液体部位，让滴定管自然下垂竖直，视线应与溶液弯月面最低线平行（相切），如图 6-5～图 6-7 所示。

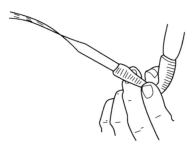

图 6-4   碱式滴定管排气泡

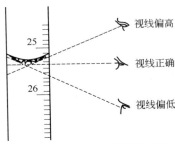

图 6-5   普通滴定管读数方法

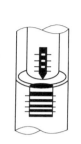

图 6-6　蓝线滴定管读数方法

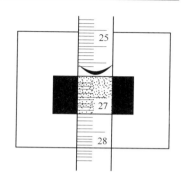

图 6-7　读卡片读数法

　　c. 滴定　滴定操作手势如图 6-8 所示。在教师指导下练习，直至能熟练操作，做到：两手配合得当，操作自如，连续滴加、只加一滴和只加半滴（即使溶液悬而未落）的操作方法。在这个过程中要注意下面几点。

(a) 酸式滴定管的操作　　(b) 碱式滴定管的操作　　(c) 使用烧杯滴定时的操作

图 6-8　滴定操作手势

　　ⅰ 摇动锥形瓶时是手腕而非手臂用力，瓶口始终保持在同一个位置，要向同一方向旋转，使溶液既均匀又不会溅出。

　　ⅱ 滴定管不能离开瓶口过高，也不要接触瓶口。即在未开始滴定时，锥形瓶可以方便地移开；滴定操作时，滴定管嘴伸入锥形瓶但不超过瓶颈。

ⅲ 滴定过程中，左手不能离开活塞任操作液自流。

ⅳ 半滴的操作：小心放出（酸式滴定管）或挤出（碱式滴定管）使液体悬挂在滴嘴上形成液滴，用锥行瓶内壁轻轻与滴定管嘴接触，使挂在滴定管嘴的液滴操作液沾在锥形瓶内壁，再用洗瓶将其洗下，根据液滴的大小，可以形成半滴或者 1/4 滴、1/8 滴等。

ⅴ 注意观察滴落点附近溶液颜色的变化。滴定开始时，速度可以稍快，但应是"滴加"而不是流成"水线"，临近终点时滴一滴，摇几下，观察颜色变化情况，再继续加一滴或半滴，直至溶液的颜色刚从一种颜色突变为另一种颜色，并在 1～2min 内不变，即为终点。

6.2.3   容量瓶

（1）用途与规格

容量瓶用以配制标准溶液或基准溶液，也用于溶液的倍数的稀释。有各种规格体积的容量瓶（5mL，10mL，25mL，50mL，100mL，500mL，…，2000mL）。一般瓶颈刻度是指 TC 体积，有些仪器有两个刻度，上刻度则是指 TD 体积。

（2）容量瓶的使用操作

① 检查容量瓶

容量瓶使用之前，应检查塞子是否与瓶配套。将容量瓶盛水至标度刻线附近，塞好瓶塞，左手用食指按紧瓶塞，其余手指拿住瓶颈标线以上部分，右手托起瓶底使瓶倒立，如图 6-9（c）和（d）所示，将瓶倒立 2min，如不漏水，将瓶竖立，转动瓶塞 180°后，再倒立 2 min，检查，如不漏水方可使用。瓶塞应用细绳系于瓶颈，不可随便放置以免沾污或错乱，启塞后，应按图 6-9 进行操作，若瓶塞为平头塑料塞子，可将塞子倒置于台面上。

② 配制溶液

配制溶液时，先将准确称取的物质在小烧杯中溶解完全后，再按图 6-9（b）进行操作。将溶液沿玻璃棒转移入容量瓶，溶液转移后，应将烧杯沿玻璃棒微微上提，同时使烧杯直立，避免沾在杯口的液滴流到杯外，再把玻璃棒放回烧杯。接着，用洗瓶吹洗烧杯内壁和玻璃棒，洗水全部转移入容量瓶，反复此操作四五次以保证转移完全。以上过程，称为"定量转移"操作。

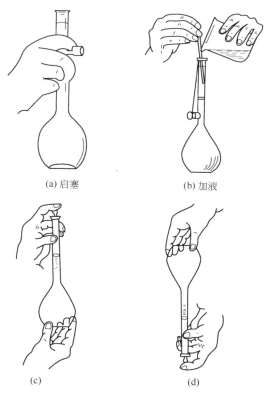

(a) 启塞   (b) 加液

(c)   (d)

上下倒置插匀

图 6-9　容量瓶的操作

定量转移后，加入稀释剂（例如水），当加水至约大半瓶时，先将瓶摇动（不能倒置）使溶液初步均匀，接着继续加至离刻度线约 0.5～1cm 处，等 1～2min 待附在瓶颈内壁的溶液流下后，再用小滴管逐滴加入蒸馏水至凹液面（弯月面）与标线相切（注意，滴管不要接触液面，也可用洗瓶加蒸馏水至刻度线）。盖好干燥的瓶塞，用左手食指压住塞子，其余四指握住颈部，另一手（五只手指）将容量瓶托住并反复倒置，摇荡使溶液完全均匀。此操作为"定容"。

6.2.4   滴定分析仪器使用注意事项

① 必须洗涤干净，不干净的仪器会在玻璃壁上挂有水珠使量度体积不准；对于滴定分析量具（滴定管、移液管和容量瓶），要求洗净至不挂水珠为准。

② 容量仪器不能加热或急冷，不能烘干。

③ 观察液面要按弯月形底部最低点为准。

④ 观察液面刻度时，视线要与刻度在同一水平上，否则会引入误差。

6.3   滴定分析量具的校正

滴定分析的可靠性依赖于体积的量度，而体积量度的可靠性则取决于刻度是否准确。一般合格的容量仪器可以满足分析工作上的要求，但也有些仪器未能达到要求，对于要求较高的研究工作应对容量仪器进行校正。校正时，或者是对原来刻度的实际体积求出具体的校正值，或者是重新找到真实体积重新刻度。有些情况例如移液管与容量瓶，它们一般都是相互依存使用，所以不需求其绝对校正值而只要求知道它们之间的相对关系进行相对校正。

量器的校正通常是以称量该量器所容纳或放出的纯水的质量来进行计算的。根据质量换算成容积时要考虑三个因素：

① 水的体积随温度的变化。

② 温度对玻璃量器胀缩的影响。

③ 在空气中称量，空气浮力对砝码和该容器的影响。

把上述三个因素综合起来，对于一般软质玻璃的量器及使用黄铜砝码时，求出一个综合总校正数值。由称取的质量乘上校正值，便可得出实际的体积。表 6-2 列出了不同温度下用水对玻璃量器的校正数据。

容量仪器校正操作注意事项：

① 被校正的滴定管和移液管不必干燥，但容量瓶必须晾干。

② 用于校正时所需的水，其温度必须与校正时的环境温度一致，不发生变化。

③ 校正时用于称重的容器可用称量瓶或具塞小锥形瓶，称重的精密度只要求准确至近 mg 位便可。

表 6-2　不同温度下用水对玻璃量器的校正数据

（以黄铜砝码在空气中称量）

1	2	3	4	5	6	7
温度 /℃	真空中 1000mL 水的质量 /g	水的密度改变校正值/g A	水在空气中称量的校正值/g B	玻璃容器体积改变校正值/g C	总校正值 /g $A+B+C$	1000 减去总校正值 $[1000-(A+B+C)]$ /g
3.98	1000	0	0	0	0	1000
9	999.81	0.19	1.10	+0.28	1.57	998.43
10	999.73	0.27	1.04	+0.28	1.61	998.39
11	999.63	0.37	1.09	+0.23	1.69	998.31
12	999.52	0.48	1.09	+0.20	1.77	998.23
13	999.40	0.60	1.08	+0.18	1.86	998.14
14	999.27	0.73	1.08	+0.17	1.98	998.02
15	999.13	0.87	1.07	+0.13	2.07	997.93
16	998.97	1.03	1.07	+0.10	2.20	997.80
17	998.80	1.20	1.07	+0.08	2.35	997.65
18	998.62	1.38	1.06	+0.05	2.49	997.51
19	998.43	1.57	1.06	+0.03	2.66	997.34
20	998.23	1.77	1.05	0.00	2.82	997.18
21	998.02	1.98	1.05	−0.03	3.00	997.00
22	997.80	2.20	1.05	−0.05	3.20	996.80
23	997.56	2.44	1.04	−0.08	3.40	996.60

续表

1	2	3	4	5	6	7
温度 /℃	真空中 1000mL 水的质量 /g	水的密度 改变校 正值/g A	水在空气 中称量的 校正值/g B	玻璃容器 体积改变 校正值/g C	总校正值 /g A＋B＋C	1000 减去 总校正值 [1000－(A＋B＋C)] /g
24	997.32	2.68	1.04	－0.10	3.62	996.38
25	997.07	2.93	1.03	－0.13	3.83	996.17
26	996.81	3.19	1.03	－0.15	4.07	995.93
27	996.54	3.46	1.03	－0.18	4.31	995.69
28	996.26	3.74	1.02	－0.20	4.56	995.44
29	995.97	4.03	1.02	－0.23	4.82	995.18
30	995.67	4.33	1.01	－0.25	5.09	994.91
31	995.37	4.63	1.01	－0.28	5.36	994.63
32	995.05	4.95	1.01	－0.30	5.66	994.34
33	994.73	5.27	1.00	－0.33	5.94	994.06

6.3.1 滴定管的校正

滴定管的校正见表 6-3。

表 6-3   滴定管校正实例（水温 25℃，1mL H_2O 的质量为 0.9962g）

滴定管读数 /mL	容积 /mL	瓶＋水的质量 /g	水的质量 /g	实际容积 /mL	校正值 /mL	总校正值 /mL
0.03(初读教)	29.20g(空瓶)					
10.13	10.10	39.28	10.08	10.12	＋0.02	＋0.02
20.10	9.97	49.19	9.91	9.95	－0.02	0.00
30.17	10.07	59.27	10.08	10.12	＋0.03	＋0.05
40.20	10.03	69.24	9.97	10.01	－0.02	＋0.03
49.99	9.79	79.07	9.83	9.86	＋0.07	＋0.10

6.3.2 移液管的校正

用移液管吸取蒸馏水至标线以上，缓缓调节弯液面最低点至标线，按移液管的正确使用方法将水放入已称量的具塞锥形瓶中，称重。两次称量的质量之差即为移出水的质量。此质量乘以从表 6-3 查得的校正值即得移液管的真实体积，重复校准以得到精密结果。

6.3.3　容量瓶的校正

将洗净的容量瓶晾干，称空瓶的质量，装入蒸馏水至与刻度标线相切，瓶颈内壁不得挂水珠，再称得空瓶加水之总质量，两次质量之差即为瓶中水的质量，乘以从表 6-3 查得的校正值即得该容量瓶的真实容积。

6.3.4　移液管与容量瓶的相对校正

在一般分析工作中，容量瓶常与移液管配合使用，以分取比例部分的溶液。这时，重要的不是要知道移液管和容量瓶的绝对体积，而是要知道它们之间的体积比（如 1/10）是否正确。观察水面是否与标线符合，如果不符合，可以另作一标记，使用时以此标记为标线。经校正后，用这支移液管移取一管溶液就是该容量瓶溶液体积的 1/10。

校正的方法是：将洗净的容量瓶晾干，用移液管吸取蒸馏水至标线以上，缓缓调节弯液面最低点至标线，按移液管的正确使用方法将水放入对应的容量瓶中，如用 25mL 移液管吸取 10 次于 250mL 容量瓶中，观察水面是否与标线符合，如果不符合，可以另做一标记，使用时以此标记为标线。

第二部分　单元课堂实验

一、基本操作实验单元

实验 1　分析天平基本操作及称量练习

【实验目的】

1. 了解分析天平的构造和称量原理。

2. 学会分析天平的使用方法，练习分析天平的基本操作，掌握天平的使用规则，做到正确熟练地使用天平。

3. 培养准确、简明地记录实验原始数据的习惯。

【仪器与试剂】

1. 仪器

电子分析天平，称量瓶，小烧杯（50mL）或表面皿，药匙。

2. 试剂

研细的 Na_2SO_4 晶体，细沙。

【实验步骤】

1. 固定质量称量法（称取 0.2000g 细沙）

接通天平电源，打开电源开关，待天平显示"0.0000g"后，轻轻推开天平右侧（或左侧）门，将清洁干净的小烧杯（或表面皿）轻轻放于天平称量盘上，小心关好天平门，按"去皮"键，使显示"0.0000g"。打开天平门，打开试剂瓶盖，瓶盖盖口朝上放于桌面，用干净的钥匙取固体样品，接近 0.2000g 时，用另外一只手轻轻拍打拿药匙的手腕，让细沙缓慢抖落入小烧杯，直至天平显示 0.2000g。关好天平门，看读数是否仍然为 0.2000g，若小于该值，继续加入试样，若超过该值，则需要重新称量。称取样品 3 份。数据记录于表 1 中。

2. 递减称量法（称取 0.1000～0.2000g）

此法一般用来连续称取几个试样，称取量允许在一定范围内波动，也用于称取易吸湿、易氧化或易与二氧化碳反应的试样。此法称取固体试样的方法为：将适量试样装入称量瓶中，用纸条缠住称量瓶放于天平秤盘上，称得称量瓶及试样质量为 m_1（也可按去皮键，使天平显示为"0.0000g"，即 $m_1 = 0.0000g$）。然后用纸条缠住称量瓶，从天平盘上取出，放于容器正上方，瓶口向下稍倾，用纸捏住称量瓶盖，轻敲瓶口边缘最上部，使试样慢慢落入容器中，再将称量瓶放入天平秤盘上称量，当倾出的试样已接近所需要的质量时，慢慢地将称量瓶竖起，再用称量瓶盖轻敲瓶口，使附在瓶口的试样落入称量瓶内，盖好瓶盖，放回到天平盘上称量，得 m_2，两次称量之差就是试样的质量。如此继续进行，可称取多份试样。

用减量法称取每一份试样时，能在 1～2 次内敲出所需量最佳，以减少试样损失、吸潮或变质。

第一份：试样重 $\Delta m_1 = m_1 - m_2$

第二份：试样重 $\Delta m_2 = m_2 - m_3$

用此方法称取 0.1000～0.2000g 被称物 3 份。数据记录于表 2 中。

注意：

① 开关天平门时，动作要轻。取称量瓶时，不可用手直接取，应该用纸条套住，且要轻拿轻放。

② 称量时，烧杯应该放在秤盘的正中央，保证受力均匀。

③ 称量过程中，若质量少于所需要的，则继续加样；若超出所需的量，则需要倒掉重新称量。

④ 递减称量过程中，称量瓶全程不能与实验台面接触，在敲出样品过程中，要始终保持在接收容器的正上方，防止沾附在瓶盖上的药品落至他处。当达到所需量时，用称量瓶瓶盖轻敲瓶口上

部，使试样慢慢回落入称量瓶。

　　⑤ 记录数据时，一定要关上天平门，并等显示的数据不再跳动时记录下数据。

【数据记录】

表 1　固定质量称量法数据

称量编号	第一份	第二份	第三份
表面皿的质量 m_0/g			
（表面皿＋细沙）的质量 m/g			
细沙的质量$(m-m_0)$/g			

表 2　递减称量法数据

称量编号	第一份	第二份	第三份
第一次（瓶＋样品）的质量 m_1/g			
第二次（瓶＋样品）的质量 m_2/g			
样品的质量 $\Delta m=m_1-m_2$/g			

思　考　题

　　1. 在称量试样时，若要求称量的相对误差不大于 $\pm0.1\%$，则称取的试样最少要多少克？一合格的分析天平，每次称量可能产生 $0.1\sim0.2\text{mg}$ 的绝对误差，产生的原因是什么？

　　2. 为了保证一次称量的误差不大于 $\pm0.1\%$，要求读数一定要读至小数点后第四位，这种说法对吗？

　　3. 使用称量瓶称样时，如何操作才能保证不因试样损失而产生误差？

实验 2　酸碱溶液的配制和浓度的比较
——滴定分析基本操作训练

【实验目的】

1. 学会酸、碱溶液的配制方法和浓度的相互比较。

2. 练习酸式滴定管和碱式滴定管的操作方法。

3. 初步掌握准确判断滴定终点的方法。

4. 学会正确地记录和处理实验数据。

【实验原理】

酸碱溶液的配制和浓度的比较，是酸碱滴定和滴定分析的基础练习。在酸碱滴定的过程中，溶液的 pH 呈一定的变化规律，在酸碱反应的化学计量点附近产生 pH 突跃，可以选择适当的指示剂指示终点。用 $0.1mol \cdot L^{-1}$ NaOH 滴定等浓度的 HCl 溶液，滴定的 pH 突跃范围为 4.3～9.7，可选用酚酞（变色范围 pH 8.0～9.6）作指示剂。用 $0.1mol \cdot L^{-1}$ HCl 滴定等浓度的 NaOH 溶液，滴定的 pH 突跃范围为 9.7～4.3，可选用甲基橙（变色范围 pH 3.1～4.4）作指示剂。在使用同一指示剂的情况下，浓度一定的 NaOH 和 HCl 相互滴定所消耗的体积比 V_{HCl}/V_{NaOH} 应是固定的。

【仪器与试剂】

1. 仪器

50mL 酸式滴定管，50mL 碱式滴定管，500mL 试剂瓶，250mL 锥形瓶，100mL 烧杯，洗瓶，台秤。

2. 试剂

固体氢氧化钠。

浓盐酸：$\rho = 1.18kg \cdot L^{-1}$。

酚酞：$1g \cdot L^{-1}$ 的 90% 乙醇溶液。

甲基橙：$1g \cdot L^{-1}$ 的水溶液。

【实验步骤】

1. 溶液的配制

（1）0.1mol·L^{-1} NaOH 溶液的配制

用台秤称取 2.0g 固体 NaOH 于 100mL 烧杯中，用新煮沸除去 CO_2 并冷却至室温的蒸馏水约 10mL 洗涤 NaOH 的表面，将其表面可能附着的 Na_2CO_3 洗去。然后加 50mL 蒸馏水使其溶解，转入 500mL 带橡皮塞的试剂瓶中。加水至总体积约 500mL。摇匀，贴上标签备用。

（2）0.1mol·L^{-1} HCl 溶液的配制

用量筒量取浓盐酸 4.5mL，注入 500mL 试剂瓶中，加水稀释至约 500mL，摇匀，贴标签备用。

2. 酸碱溶液的相互滴定

（1）滴定管的准备

将 50mL 的酸式和碱式滴定管洗净，并处理好旋塞，分别用 5～10mL HCl 和 NaOH 溶液润洗酸式和碱式滴定管 3 次，再分别装入 HCl 和 NaOH 溶液，排除气泡，调整液面至 0.00 刻度或零点稍下处，静置 1min 后，准确读取滴定管内液面体积，将滴定管夹在滴定管架上，并在记录本上记录初始读数 V_1。

（2）以酚酞为指示剂用 NaOH 滴定 HCl

由酸式滴定管以每秒 2～3 滴的流速放出 20mL HCl 溶液于 250mL 锥形瓶中，加入 1～2 滴酚酞，用 NaOH 溶液滴定，滴至溶液呈粉红色，半分钟不褪色即为终点。为了严格地控制终点，滴定过程中必须注意：滴定的速度不要太快，并不断地摇动锥形瓶，眼睛要一直注视着溶液颜色的变化，不要看滴定管的液面。当滴入 NaOH 红色斑点褪去较慢时，说明已临近终点，这时应一滴一滴或半滴半滴地加入滴定剂，用洗瓶冲洗锥形瓶内壁。滴至溶液颜色突变时，立即停止滴定。再从酸式滴定管滴入几滴 HCl，溶液变为无色，再用 NaOH 溶液滴定，滴至溶液呈粉红色，如此反复操作，直到满意为止，从滴定管架上取下滴定管，准确读取滴定管内液面体积，记录 HCl 和 NaOH 终点总体积 V_2。消耗溶液为 V_2-V_1，计算 V_{HCl}/V_{NaOH}。

做完一次后，要在滴定管内重新加液体，调整液面至 0.00 刻度或零点稍下处，静置 1min 后，准确读取滴定管内液面体积，并在记录本上记录初始读数 V_1。平行测定 3 次。

（3）以甲基橙为指示剂用 HCl 滴定 NaOH

由碱式滴定管放出 20mL 左右 NaOH 溶液于 250mL 锥形瓶中，加甲基橙指示剂 1～2 滴，用 HCl 溶液滴定至溶液由黄色恰变橙色即为终点。然后再由碱式滴定管滴入几滴 NaOH，此时，溶液再现黄色，用盐酸滴定至溶液呈橙色，即达到滴定终点。如此反复操作，直到满意为止。认真观察和体会滴定过程中指示剂颜色的改变，掌握指示剂颜色发生突变的瞬间。从滴定管架上取下滴定管，准确读取滴定管内液面体积，记录 HCl 和 NaOH 终点总体积 V_2，消耗溶液为 V_2-V_1，计算消耗 V_{HCl}/V_{NaOH}。

做完一次要在滴定管内重新加液体，调整液面至 0.00 刻度或零点稍下处，静置 1min 后，准确读取滴定管内液面位置，并在记录本上记录初始读数 V_1。平行测定 3 次。

【数据记录与处理】

在定量分析中，一般要求学生在预习时根据本次实验内容，设计出实验数据表格，表中各项目要齐全，必须体现原始数据。实验过程中把数据记录在表中相应位置，实验后完成计算和讨论。本次实验数据表可参考表 1。

表 1　酸碱互相滴定实验数据

项目	酚酞作指示剂，NaOH 滴定 HCl			甲基橙作指示剂，HCl 滴定 NaOH		
序号	1	2	3	1	2	3
终点 $V_{HCl(2)}$/mL						

续表

项目	酚酞作指示剂，NaOH 滴定 HCl			甲基橙作指示剂，HCl 滴定 NaOH		
序号	1	2	3	1	2	3
初始 $V_{HCl(1)}$/mL						
$V_{HCl(耗)}=[V_{HCl(2)}-V_{HCl(1)}]$/mL						
$V_{NaOH(2)}$/mL						
$V_{NaOH(1)}$/mL						
$V_{NaOH(耗)}=[V_{NaOH(2)}-V_{NaOH(1)}]$/mL						
V_{HCl}/V_{NaOH}						
V_{HCl}/V_{NaOH} 的平均值						
偏差绝对值 $|d_i|$						
平均偏差 $\overline{d}$						
相对平均偏差 d_r/%						

　　注：定量分析的数据记录和处理方法及相对平均偏差的要求都大致相同，以后实验均可参照本实验的要求，将不再重复叙述。

思　考　题

　　1. 滴定管在装入标准溶液前为什么要用此溶液润洗内壁 2～3 次？用于滴定的锥形瓶是否需要干燥？要不要用所装的溶液润洗？为什么？

　　2. 在 HCl 溶液与 NaOH 溶液浓度比较的滴定中，以甲基橙和酚酞作指示剂，所得的溶液体积比是否一致？为什么？

　　3. 滴定操作中，准确掌握滴定终点的操作要领是什么？

二、酸碱滴定分析法实验单元

实验 3 酸的配制和标定及混合碱中 NaOH 及 Na₂CO₃ 含量的测定

【实验目的】

1. 学习酸标准溶液浓度的标定方法。
2. 掌握滴定分析基本操作和数据处理方法。
3. 练习容量瓶、移液管的使用方法。
4. 了解双指示剂法测定混合碱中各组分的原理和方法。
5. 了解酸碱滴定的实际应用。

【实验原理】

由于浓 HCl 易挥发，其浓度不确定；NaOH 易吸收空气中的 CO_2 和水分，不易提纯，因此 HCl 和 NaOH 的标准溶液必须用基准物质标定，方可得其准确浓度。

标定酸溶液的基准物质很多，常用标定酸的基准物质有无水碳酸钠（Na_2CO_3）和硼砂（$Na_2B_4O_7 \cdot 10H_2O$），本实验采用无水碳酸钠作基准物质标定 HCl 溶液。

碳酸钠易吸收空气中的水分，应于 $270 \sim 300\,℃$ 下干燥 1h，然后贮存于干燥器中备用。其标定 HCl 的反应为：

$$Na_2CO_3 + 2HCl \Longrightarrow 2NaCl + CO_2 \uparrow + H_2O$$

化学计量点时 pH 为 3.9，可用甲基橙作指示剂。

碱液易吸收空气中的 CO_2 形成 Na_2CO_3，苛性碱实际上往往含有 Na_2CO_3，故称为混合碱。工业产品碱液中 NaOH 和 Na_2CO_3 的测定，可在同一份试液中用 HCl 标准溶液滴定，用两种不同的指示剂分别指示终点，此种方法称为双指示剂法。

混合碱分析常用的两种指示剂是酚酞和甲基橙。在试液中先加酚酞指示剂，用 HCl 标准溶液滴定至红色刚刚褪去，记下消耗 HCl 的体积 V_1。此时试液中所含 NaOH 完全被中和，Na_2CO_3 也被滴定成 $NaHCO_3$，滴定反应如下：

$$NaOH + HCl \rule[0.5ex]{1.5em}{0.4pt} NaCl + H_2O$$
$$Na_2CO_3 + HCl \rule[0.5ex]{1.5em}{0.4pt} NaCl + NaHCO_3$$

再加入甲基橙指示剂，继续用 HCl 标准溶液滴定至溶液由黄色变为橙色，记下消耗 HCl 的体积 V_2。此时 $NaHCO_3$ 被滴成了 H_2CO_3，反应式为：

$$NaHCO_3 + HCl \rule[0.5ex]{1.5em}{0.4pt} NaCl + CO_2\uparrow + H_2O$$

由 $(V_1 - V_2)$ 可以计算混合碱中 NaOH 的含量，根据 V_2 可以计算 Na_2CO_3 的含量。试样中 NaOH 和 Na_2CO_3 的质量分数可由以下公式计算：

$$w_{NaOH} = \frac{c_{HCl}(V_1 - V_2)M_{NaOH}}{m_s}$$

$$w_{Na_2CO_3} = \frac{c_{HCl}V_2 M_{Na_2CO_3}}{m_s}$$

【仪器与试剂】

1. 仪器

分析天平，酸式滴定管，锥形瓶，容量瓶等。

2. 试剂

$0.1mol \cdot L^{-1}$ HCl 溶液：配制方法见实验 2。

酚酞：$1g \cdot L^{-1}$ 的 90% 乙醇溶液。

甲基橙：$1g \cdot L^{-1}$ 的水溶液。

基准无水碳酸钠。

【实验步骤】

1. HCl 溶液浓度的标定

准确称取已烘干的无水碳酸钠 3 份（称取 Na_2CO_3 的量可按消

耗 $20\sim30\text{mL}$ $0.1\text{mol}\cdot\text{L}^{-1}$ 的 HCl 溶液所需的 Na_2CO_3 来计算）于 250mL 锥形瓶中，加入约 30mL 水使其溶解。再加 $1\sim2$ 滴甲基橙，用 HCl 溶液滴定至溶液由黄色变为橙色，即为终点。记下消耗的 HCl 溶液的体积，并计算 HCl 标准溶液的浓度，相对平均偏差应不大于 0.2%。

实验数据记录于表 1 中。

2. 混合碱试样的测定

减量法准确称取混合碱试样 $1.3\sim1.5\text{g}$ 于 250mL 锥形瓶中，加少量新煮沸的蒸馏水，搅拌使其完全溶解，然后定量转移到 250mL 容量瓶中，用新煮沸的冷蒸馏水稀释至刻度，摇匀（或者量取 120mL 吸收了 CO_2 的 NaOH 溶液，浓度约为 $0.1\text{mol}\cdot\text{L}^{-1}$ 至试剂瓶备用）。

用移液管移取 25.00mL 混合碱试样溶液至锥形瓶中，再加 $1\sim2$ 滴酚酞溶液，用 HCl 标准溶液滴定至溶液由红色刚变为无色，即为第一终点，消耗 HCl 的体积为 $V_{HCl(1)}$，再加 $1\sim2$ 滴甲基橙于锥形瓶中，此时溶液呈黄色，继续用 HCl 标准溶液滴定，直至溶液由黄色变为橙色，即为第二终点，消耗 HCl 的体积为 $V_{HCl(2)}$，根据 $V_{HCl(1)}$ 和 $V_{HCl(2)}$ 计算试样中 NaOH 和 Na_2CO_3 的质量分数。平行测定 3 次。实验数据记录于表 2 中。

【数据记录与处理】

1. $0.1\text{mol}\cdot\text{L}^{-1}$ HCl 溶液浓度的标定

表 1　标定 HCl 溶液浓度实验数据记录表

实验编号	1	2	3
称量瓶及 Na_2CO_3 的质量 m_1/g			
称量瓶及 Na_2CO_3 的质量 m_2/g			
$m_{Na_2CO_3} = (m_1 - m_2)/\text{g}$			
终点 $V_{HCl(2)}/\text{mL}$			

续表

实验编号	1	2	3
初始 $V_{HCl(1)}$/mL			
$V_{HCl(耗)}=[V_{HCl(2)}-V_{HCl(1)}]$/mL			
$c_{HCl}=\dfrac{2m_{Na_2CO_3}}{M_{Na_2CO_3}V_{HCl}}\times 1000$/mol·L^{-1}			
$\bar{c}_{HCl}$/mol·L^{-1}			
偏差绝对值$\lvert d_i \rvert$			
平均偏差 $\bar{d}$			
相对平均偏差 d_r/%			

　　注:定量分析的数据记录和处理方法及相对平均偏差的要求都大致相同,以后实验均可参照本实验的要求,将不再重复叙述。

2. 混合碱试样的测定

表 2　混合碱测定实验数据记录表

实验编号	1	2	3
混合试样 m_s/g 或 V/mL			
初始 V'_{HCl}/mL			
第一终点时 V''_{HCl}/mL			
第二终点时 V'''_{HCl}			
第一终点消耗 HCl 体积 $V_{HCl(1)}=(V''_{HCl}-V'_{HCl})$/mL			
第二终点消耗 HCl 体积 $V_{HCl(2)}=(V'''_{HCl}-V''_{HCl})$/mL			
$[V_{HCl(1)}-V_{HCl(2)}]$/mL			
w_{NaOH}(固体混合碱时用)			
c_{NaOH}/mol·L^{-1}(液体混合碱时用)			
$w_{Na_2CO_3}$(固体混合碱时用)			

续表

实验编号	1	2	3
$c_{Na_2CO_3}$/mol·L^{-1}（液体混合碱时用）			
$\bar{c}_{NaOH}$/mol·L^{-1}（液体混合碱时用）			
$\bar{c}_{Na_2CO_3}$/mol·L^{-1}（液体混合碱时用）			
偏差绝对值$\mid d_i \mid$(NaOH)			
偏差绝对值$\mid d_i \mid$(Na$_2$CO$_3$)			
平均偏差$\bar{d}$(NaOH)			
平均偏差$\bar{d}$(Na$_2$CO$_3$)			
相对平均偏差d_r(NaOH)/%			
相对平均偏差d_r(Na$_2$CO$_3$)/%			

思 考 题

1. 为什么 HCl 和 NaOH 标准溶液一般都用标定法配制，而不用直接法配制？

2. 现用 Na$_2$CO$_3$ 为基准物质标定 0.2mol·L^{-1} HCl 溶液，应称 Na$_2$CO$_3$ 的质量范围是多少？

3. 溶解基准物质 Na$_2$CO$_3$ 所加水的体积是否要求准确？为什么？

4. 如果用未经烘干的基准物质标定标准溶液的浓度，对标定结果有何影响？

5. 某固体试样，可能含有 Na$_2$CO$_3$ 和 NaHCO$_3$ 及惰性杂质。欲测定其中 Na$_2$CO$_3$ 及 NaHCO$_3$ 的含量，试拟定分析方案。

6. 混合碱试样可能是 NaOH、Na$_2$CO$_3$、NaHCO$_3$ 或者其中的两种的混合物，用双指示剂法测定，根据消耗 HCl 的体积 V_1 和 V_2 的情况判断混合碱的组成。

　(1) $V_1 > 0$，$V_2 = 0$　　　(2) $V_1 = V_2$　　　(3) $V_1 > V_2$

　(4) $V_1 < V_2$　　　(5) $V_1 = 0$，$V_2 > 0$

实验4 氢氧化钠溶液的配制和
标定及醋酸含量的测定

【实验目的】

1. 掌握 NaOH 标准溶液的配制、标定方法及保存要点。

2. 了解基准物质邻苯二甲酸氢钾的性质及应用。

3. 掌握强碱滴定弱酸的滴定过程、突跃范围及指示剂的选择原理。

【实验原理】

1. NaOH 标准溶液的标定

由于 NaOH 易吸收空气中的 CO_2 和水分，不易提纯，因此 NaOH 的标准溶液必须用基准物质标定，方可得其准确浓度。

标定碱溶液的基准物质很多，常用的基准物质有邻苯二甲酸氢钾（$KHC_8H_4O_4$）和草酸（$H_2C_2O_4 \cdot H_2O$）。本实验采用邻苯二甲酸氢钾作基准物质标定 NaOH 溶液。

在邻苯二甲酸氢钾的结构中只有一个可电离的 H^+，其与 NaOH 反应的计量比为 1:1。标定时的反应为：

$$KHC_8H_4O_4 + NaOH =\!=\!= KNaC_8H_4O_4 + H_2O$$

邻苯二甲酸氢钾作为基准物的优点：①易于获得纯品；②易于干燥，不吸湿；③摩尔质量大，可相对减少称量误差。

邻苯二甲酸的 $K_{a_2} = 3.9 \times 10^{-6}$，化学计量点时溶液呈微碱性（pH 约为 9.1）可用酚酞作指示剂。

$$c_{NaOH} = \dfrac{\left(\dfrac{m}{M}\right)_{\text{邻苯二甲酸氢钾}} \times 1000}{V_{NaOH}} \ (mol \cdot L^{-1})$$

式中　m——邻苯二甲酸氢钾的质量，g；

V_{NaOH}——NaOH 的体积，mL。

2. 醋酸含量的测定

醋酸为有机弱酸（$K_a = 1.8 \times 10^{-5}$），可用 NaOH 标准溶液滴定醋酸，其与 NaOH 的反应式为：

$$HAc + NaOH \xrightarrow{\quad\quad} NaAc + H_2O$$

反应产物为弱酸强碱盐，滴定突跃在碱性范围内，可选用酚酞等碱性范围变色的指示剂。

$$w_{HAc} = \frac{c_{NaOH} V_{NaOH} M_{HAc}}{\rho_{HAc} V_{HAc}} \times 100\%$$

其中，$\rho_{HAc} = 1.042 \text{kg} \cdot \text{L}^{-1}$，$M_{HAc} = 60.05 \text{g} \cdot \text{mol}^{-1}$。

【仪器与试剂】

1. 仪器

分析天平，碱式滴定管，吸量管，锥形瓶等。

2. 试剂

邻苯二甲酸氢钾：取基准试剂或分析纯邻苯二甲酸氢钾 4～5g，盛于干燥洁净的称量瓶中，在 110℃下干燥 1h，放入干燥器中冷却，备用。

$0.1 \text{mol} \cdot \text{L}^{-1}$ NaOH 溶液：配制方法见实验 2。

酚酞：$1 \text{g} \cdot \text{L}^{-1}$ 的 90％乙醇溶液。

醋酸。

【实验步骤】

1. $0.1 \text{mol} \cdot \text{L}^{-1}$ NaOH 溶液浓度的标定

洗净碱式滴定管，检查不漏水后，用所配制的 NaOH 溶液润洗 2～3 次，每次用量 5～10mL，然后将碱液装入滴定管中至"0"刻度线上，排除管尖的气泡，调整液面至 0.00 刻度或零点稍下处，静置 1min 后，准确读取滴定管内液面位置，并记录于表 1 中。

用减量法准确称取约 0.6g 已烘干的邻苯二甲酸氢钾三份，分别放入三个已编号的 250mL 锥形瓶中，加 50mL 蒸馏水溶解（若不溶可稍加热，冷却后），加入 1～2 滴酚酞指示剂，用 $0.1 \text{mol} \cdot \text{L}^{-1}$ NaOH 溶液滴定至呈微红色，半分钟内不褪色，即为终点。准确读取滴定管内液面位置，并记录于表 1 中。

2. 醋酸含量的测定

用吸量管吸取醋酸 3.00mL，置于 250mL 容量瓶中，用水稀释至刻度，摇匀。用移液管吸取 25.00mL 稀释后的试液，置于 250mL 锥形瓶中，加入酚酞指示剂溶液 1～2 滴，用 NaOH 标准溶液滴定，直到加入半滴 NaOH 标准溶液使试液呈现微红色，并保持半分钟内不褪色即为终点。平行测定 3 次，测定结果的相对平均偏差应小于 0.2%。数据记录于表 2 中。

$$w_{HAc} = \frac{c_{NaOH} V_{NaOH} M_{HAc}}{\rho_{HAc} V_{HAc} \times \dfrac{25.00}{250.0}} \times 100\%$$

【数据记录与处理】

1. 0.1mol·L^{-1}NaOH 溶液的标定

表 1　标定 NaOH 溶液实验数据记录表

编号	1	2	3
m_1/g			
m_2/g			
$m_{邻苯二甲酸氢钾} = (m_1 - m_2)$/g			
NaOH 终读数 V_2/mL			
NaOH 始读数 V_1/mL			
消耗 $V_{NaOH} = (V_2 - V_1)$/mL			
c_{NaOH}/mol·L^{-1}			
$\bar{c}_{NaOH}$/mol·L^{-1}			
偏差绝对值 $|d_i|$			
平均偏差 $\bar{d}$			
相对平均偏差 d_r/%			

2. 醋酸含量的测定

表 2　醋酸含量测定实验数据记录表

编号	1	2	3
V_{HAc}/mL			
$c_{NaOH}/mol \cdot L^{-1}$			
NaOH 终读数 V_2/mL			
NaOH 始读数 V_1/mL			
消耗 $V_{NaOH} = (V_2 - V_1)/mL$			
$w_{HAc}/\%$			
$\overline{w}_{HAc}/\%$			
偏差绝对值$|d_i|$			
平均偏差 $\overline{d}$			
相对平均偏差 $d_r/\%$			

思　考　题

1. 测定醋酸时，为什么选用酚酞作指示剂？能否选用甲基橙或甲基红作指示剂？

2. 与其他基准物质相比，邻苯二甲酸氢钾有什么优点？

3. 标准溶液的浓度保留几位有效数字？

4. 酚酞指示剂溶液变红后，在空气中放置一段时间后又变为无色，为什么？

实验 5 碱的配制和标定及硫酸铵含氮量的测定（甲醛法）

【实验目的】

1. 学习碱标准溶液浓度的标定方法。

2. 练习容量瓶、移液管的使用方法。

3. 通过学习甲醛法测定铵盐中的氮含量，了解弱酸弱碱的间接测定方法。

4. 掌握滴定分析基本操作和数据处理方法。

【实验原理】

由于 NaOH 易吸收空气中的 CO_2 和水分，不易提纯，因此 NaOH 的标准溶液必须用基准物质标定，方可得其准确浓度。

标定碱溶液的基准物质很多，标定碱常用的基准物质有邻苯二甲酸氢钾（$KHC_8H_4O_4$，KHP）和草酸（$H_2C_2O_4 \cdot 2H_2O$）。本实验采用邻苯二甲酸氢钾作基准物质标定 NaOH 溶液。

邻苯二甲酸氢钾作基准物的优点是：易于提纯，不易吸水，摩尔质量较大，是一种较好的基准物质。标定 NaOH 溶液的反应如下：

$$KHC_8H_4O_4 + NaOH = KNaC_8H_4O_4 + H_2O$$

邻苯二甲酸的 $K_{a_2} = 3.9 \times 10^{-6}$，化学计量点时溶液呈微碱性（pH 约为 9.1），可用酚酞作指示剂。

$(NH_4)_2SO_4$ 是一种氮肥，它和（NH_4HCO_3、NH_4Cl 等一样，肥效的高低主要决定于氮含量，因此测定铵态氮肥的肥效，实际上就是测定以 NH_4^+ 的形式存在的氮。NH_4^+ 可用酸碱滴定法测定，但由于 NH_4^+ 是极弱的酸（$K_a = 5.6 \times 10^{-10}$），无法直接准确滴定，一般利用间接的方法测定。常用的方法有蒸馏法和甲醛法。蒸馏法是先在试样中加入过量的碱，蒸馏，用过量的酸标准溶液吸收蒸出的 NH_3，再用标准碱溶液滴定剩余的酸，从而求出试样的含氮量。蒸馏法比较准确，但操作麻烦费时；甲醛法操作简单快速，但准确度不及蒸馏法。

铵盐与甲醛作用，生成游离酸和六亚甲基四胺酸：

$$4NH_4^+ + 6HCHO === (CH_2)_6N_4H^+ + 3H^+ + 6H_2O$$

六亚甲基四胺酸离子

从反应式可以看出，4mol 的 NH_4^+ 与甲醛反应，产生 3mol 游离 H^+ 和 1mol$(CH_2)_6N_4H^+$，即 1mol NH_4^+ 相当于 1mol 的酸。$(CH_2)_6N_4H^+$ 的 $K_a = 7.1 \times 10^{-6}$，可以用酚酞作指示剂，用 NaOH 滴定，滴定反应为：

$$(CH_2)_6N_4H^+ + 3H^+ + 4OH^- === (CH_2)_6N_4 + 4H_2O$$

【仪器与试剂】

1. 仪器

分析天平，锥形瓶，碱式滴定管等。

2. 试剂

邻苯二甲酸氢钾：取基准试剂或分析纯的邻苯二甲酸氢钾 4～5g，盛于干燥洁净的称瓶瓶中，在 110℃ 下干燥 1h，放入干燥器中冷却，备用。

$0.1mol \cdot L^{-1}$ NaOH 溶液：配制方法见实验 2。

酚酞：$1g \cdot L^{-1}$ 的 90% 乙醇溶液。

甲基红：$1g \cdot L^{-1}$ 的 60% 乙醇溶液。

甲醛、$(NH_4)_2SO_4$。

【实验步骤】

1. NaOH 溶液浓度的标定

减量法准确称取 0.5～0.6g 邻苯二甲酸氢钾（KHP）3 份，分别置于 250mL 锥形瓶中，加入约 20mL 水使之溶解。再加酚酞指示剂 2 滴，用待标定的 NaOH 溶液滴定至溶液呈微红色，半分钟不褪色，即为终点。记录所用 NaOH 的体积，计算 NaOH 标准溶液的浓度，最后计算结果的平均值和相对平均偏差。相对平均偏差不超过 0.2%。

将所得数据记录于表 1 中。

2. 甲醛溶液的处理

甲醛中常含有少量的甲酸，对测定结果产生影响，使用前需用 NaOH 中和除去。处理的方法是：取一定量的 40% 甲醛，加酚酞指示剂 1 滴，用 NaOH 溶液中和至溶液呈微红色。

3. 试样中含氮量的测定

准确称取 1.3～1.5g $(NH_4)_2SO_4$ 样品于 100mL 烧杯中，加适量蒸馏水溶解，定量地转移至 250mL 容量瓶中，定容，摇匀。

工业品 $(NH_4)_2SO_4$ 含有游离酸，在滴定前需中和除去。用移液管吸取 25mL 试样于 250mL 锥形瓶中，加 1 滴甲基红指示剂，用 NaOH 溶液中和至溶液由红色变为黄色。

用量筒量取 5mL 40% 甲醛溶液倒入锥形瓶中，摇匀，溶液又呈红色，静置 1min，使其反应完全。再加酚酞指示剂 1 滴，用 NaOH 标准溶液滴定至呈微红色为止。记录读数。平行测 3 次。

根据消耗的 NaOH 溶液的体积，计算试样中氮的质量分数 w_N 及相对平均偏差，相对平均偏差应不大于 0.2%。数据记录于表 2 中。

【数据记录与处理】

1. NaOH 溶液浓度的标定

表 1　标定 NaOH 溶液浓度实验数据

实验编号	1	2	3
称量瓶及 KHP 的质量 m_1/g			
称量瓶及 KHP 的质量 m_2/g			
$m_{KHP} = (m_1 - m_2)/g$			
NaOH 最后读数 V_2/mL			
NaOH 起始读数 V_1/mL			
消耗 $V_{NaOH} = (V_2 - V_1)/mL$			
$c_{NaOH} = \dfrac{m_{KHP}}{M_{KHP}V_{NaOH}} \times 1000/mol \cdot L^{-1}$			

续表

实验编号	1	2	3
$\bar{c}_{NaOH}/mol \cdot L^{-1}$			
偏差绝对值$\mid d_i \mid$			
平均偏差 $\bar{d}$			
相对平均偏差 $d_r/\%$			

2. 试样中含氮量的测定

表 2　NaOH 标准溶液滴定 $(NH_4)_2SO_4$ 实验数据

实验编号	1	2	3
终点 $V_{NaOH(2)}/mL$			
初始 $V_{NaOH(1)}/mL$			
$V_{NaOH(耗)}=[V_{NaOH(2)}-V_{NaOH(1)}]/mL$			
w_N			
平均值			
偏差绝对值$\mid d_i \mid$			
平均偏差 $\bar{d}$			
相对平均偏差 $d_r/\%$			

思　考　题

1. 为什么中和甲醛中的甲酸以酚酞作指示剂，而中和铵盐试样中的游离酸则以甲基红作指示剂？中和铵盐中的游离酸可否用酚酞作指示剂？为什么？

2. 若试样为 NH_4NO_3、NH_4Cl 或 NH_4HCO_3，是否都可以用甲醛法测定其氮含量？为什么？

3. 本实验中先称取较多的试样配制成 250mL 试液，然后分别移取 25mL 试液分 3 份进行测定，这种操作方法与分别称取 3 份少量试样进行测定相比较，有什么好处？

4. 尿素 $CO(NH_2)_2$ 中氮含量的测定是，先使尿素和过量硫酸共同加热，则尿素分解，生成硫酸铵并放出二氧化碳，反应为：

$$CO(NH_2)_2 + H_2SO_4 + H_2O \xrightarrow{\quad\quad} (NH_4)_2SO_4 + CO_2 \uparrow$$

试拟定一个用甲醛法测定尿素含量的实验方案。

实验 6　水中碱度的测定（酸碱滴定法）

【实验目的】

通过实验掌握水中碱度的测定方法，进一步掌握滴定终点的判断。

【实验原理】

水的碱度是指水中所含能够接受质子的物质总量。可采用连续滴定法测定水中碱度。首先以酚酞为指示剂，用 HCl 标准溶液滴定至终点时溶液由红色变为无色，用量为 V_1（mL）；接着以甲基橙为指示剂，继续用同浓度 HCl 溶液滴定至溶液由橘黄色变为橘红色，用量为 V_2（mL）。如果 $V_1 > V_2$，则有 OH^- 和 CO_3^{2-}；$V_1 < V_2$，则有 CO_3^{2-} 和 HCO_3^-；$V_1 = V_2$ 时，则只有 CO_3^{2-} 碱度；如 $V_1 > 0$，$V_2 = 0$，则只有 OH^-；$V_1 = 0$，$V_2 > 0$ 则只有 HCO_3^- 碱度。根据 HCl 标准溶液的浓度和用量（V_1 与 V_2），求出水中的碱度。

【仪器与试剂】

1. 仪器

25mL 酸碱滴定管，250mL 锥形瓶，100mL 移液管等。

2. 试剂

无 CO_2 蒸馏水：将蒸馏水或去离子水煮沸 15min，冷却至室温。pH 值应大于 6.0，电导率小于 $2\mu S\cdot cm^{-1}$。无 CO_2 蒸馏水应储存在带有碱石灰管的橡皮塞盖严的瓶中。所有试剂溶液均用无 CO_2 蒸馏水配制。

$0.1mol\cdot L^{-1}$ HCl 溶液。

酚酞指示剂：$1g\cdot L^{-1}$ 的 90% 乙醇溶液。

甲基橙指示剂：$1g\cdot L^{-1}$ 的水溶液。

【实验步骤】

1. $0.1mol\cdot L^{-1}$ HCl 溶液浓度的标定

减量法准确称取已烘干的无水碳酸钠 3 份（称取量可按消耗 $20\sim30mL$ $0.1mol\cdot L^{-1}$ 的 HCl 溶液所需的 Na_2CO_3 来计算）于 250mL 锥形瓶中，加入约 30mL 水使其溶解。再加 $1\sim2$ 滴甲基橙，用 HCl 溶液滴定至溶液由黄色变为橙色，即为终点。记下消耗的 HCl 溶液的体积，并计算 HCl 标准溶液的浓度，数据记录于表 1 中，相对平均偏差应不大于 0.2%。

2. 水样总碱度测定

用移液管吸取两份水样和无 CO_2 蒸馏水各 100mL，分别放入 250mL 锥形瓶中，加入 4 滴酚酞指示剂，摇匀。

若溶液呈红色，用 $0.1000mol\cdot L^{-1}$ HCl 溶液滴定至刚好无色（可与无 CO_2 蒸馏水的锥形瓶比较）。记录用量 (V_1)。若加酚酞指示剂后溶液无色，则不需用 HCl 溶液滴定。接着按下步操作。

再于每瓶中加入甲基橙指示剂 3 滴，混匀。

若水样变为橘黄色，继续用 $0.1000mol\cdot L^{-1}$ HCl 溶液滴定至刚刚变为橘红色为止（与无 CO_2 的蒸馏水中颜色比较），记录用量 (V_2)。如果加甲基橙指示剂后溶液为橘红色，则不需用 HCl 溶液滴定。

实验结果记录于表 2 中。

【数据记录与处理】

1. $0.1mol\cdot L^{-1}$ HCl 溶液浓度的标定

表 1　标定 HCl 溶液浓度实验数据记录表

实验编号	1	2	3
称量瓶及 Na_2CO_3 的质量 m_1/g			
称量瓶及 Na_2CO_3 的质量 m_2/g			
$m_{Na_2CO_3}=(m_1-m_2)$/g			
终点 $V_{HCl(2)}$/mL			
初始 $V_{HCl(1)}$/mL			
$V_{HCl(耗)}=[V_{HCl(2)}-V_{HCl(1)}]$/mL			

续表

实验编号	1	2	3
$c_{HCl} = \dfrac{2m_{Na_2CO_3}}{M_{Na_2CO_3} V_{HCl}} \times 1000 / mol \cdot L^{-1}$			
$\overline{c}_{HCl}/mol \cdot L^{-1}$			
偏差绝对值 $|d_i|$			
平均偏差 $\overline{d}$			
相对平均偏差 $d_r/\%$			

2. 水样总碱度测定

表 2　标准溶液滴定水样总碱度实验数据记录表

锥形瓶编号		1	2	3
酚酞指示剂	滴定管终读数/mL			
	滴定管始读数/mL			
	V_1/mL			
	平均值			
	偏差绝对值 $|d_i|$			
	平均偏差 $\overline{d}$			
	相对平均偏差 $d_r/\%$			
甲基橙指示剂	滴定管终读数/mL			
	滴定管始读数/mL			
	V_2/mL			
	平均值			
	偏差绝对值 $|d_i|$			
	平均偏差 $\overline{d}$			
	相对平均偏差 $d_r/\%$			

相关计算公式：

$$总碱度(以\ CaO\ 计, mg \cdot L^{-1}) = \frac{c(V_1 + V_2) \times 28.04}{V} \times 1000$$

总碱度(以 $CaCO_3$ 计,$mg \cdot L^{-1}$)$= \dfrac{c(V_1 + V_2) \times 50.05}{V} \times 1000$

式中　c ——HCl 标准溶液的浓度，$mol \cdot L^{-1}$；

　　V_1 ——酚酞为指示剂滴定终点时消耗 HCl 标准溶液的体积，mL；

　　V_2 ——甲基橙为指示剂滴定终点时消耗 HCl 标准溶液的体积，mL；

　　V ——水样体积，mL；

28.04——氧化钙的摩尔质量，1/2CaO，$g \cdot mol^{-1}$；

50.05——碳酸钙的摩尔质量，$1/2CaCO_3$，$g \cdot mol^{-1}$。

思　考　题

1. 请根据实验数据，判断水样中有何种碱度。

2. 为什么水样直接以甲基橙为指示剂，用酸标准溶液滴定至终点，所得碱度是总碱度？

实验 7　果汁饮料中总酸度的测定
——酸碱滴定法

【实验目的】

1. 通过实验掌握果汁饮料中总酸度的测定方法，了解实际样品的分析方法。

2. 进一步掌握滴定终点的判断。

【实验原理】

总酸度是指饮料中所有酸性成分的总量，以酚酞作指示剂，用标准碱溶液滴定至微红色 30s 不褪色为终点，由消耗标准碱溶液的量就可以求出样品中酸的百分含量。

【仪器与试剂】

1. 仪器

碱式滴定管，移液管（10～25mL），锥形瓶（150mL 或 250mL）等。

2. 试剂

NaOH 标准溶液（0.1mol·L^{-1}）：称取 120g NaOH（A.R.）于 250mL 锥形瓶中，加入蒸馏水 100mL，搅拌使其溶解，冷却后置于聚乙烯塑料瓶中，密封放置数日澄清后，取上清液 5.6mL，加新煮沸并冷却的蒸馏水至 1000mL。

酚酞指示剂：1g·L^{-1} 的 90％乙醇溶液。

邻苯二甲酸氢钾。

【实验步骤】

1. 0.1mol·L^{-1}NaOH 标准溶液浓度的标定：

减量法准确称取 0.5～0.6g（精确至 0.0001g）在 105～110℃干燥至恒重的基准邻苯二甲酸氢钾于锥形瓶中，加 50mL 新煮沸并冷却的蒸馏水，搅拌使之溶解，加 2 滴酚酞指示剂，用 NaOH 溶液滴定至溶液呈微红色 30s 不褪。平行测 3 次，数据记录于表 1 中。

2. 果汁总酸度的测定

取 10mL 果汁于锥形瓶中，共取 3 份，加入 60～70mL 新煮沸冷却的蒸馏水，加入 3～4 滴酚酞指示剂，用 0.1mol·L^{-1} NaOH 标准溶液滴定至微红色在 30s 内不褪色为终点。平行测 3 次，记录数据于表 2 中。

【数据记录与处理】

1. 0.1mol·L^{-1} NaOH 标准溶液浓度的标定

表 1　标定 NaOH 溶液实验数据记录表

实验编号	1	2	3
称量瓶及 KHP 的质量 m_1/g			
称量瓶及 KHP 的质量 m_2/g			
$m_{KHP}=(m_1-m_2)$/g			
NaOH 起始读数 V_1/mL			
NaOH 最终读数 V_2/mL			
$V_{NaOH}=(V_2-V_1)$/mL			
$c_{NaOH}=\dfrac{m_{KHP}\times 1000}{M_{KHP}V_{NaOH}}$/mol·L^{-1}			
$\bar{c}_{NaOH}$/mol·L^{-1}			
偏差绝对值$\lvert d_i\rvert$			
平均偏差 $\bar{d}$			
相对平均偏差 d_r/%			

2. 果汁总酸度的测定

表 2　果汁总酸度测定实验数据记录表

实验编号	1	2	3
NaOH 起始读数 V_1/mL			

续表

实验编号	1	2	3
NaOH 最终读数 V_2/mL			
$V_{\text{NaOH}} = (V_2 - V_1)/\text{mL}$			
总酸度			
平均值			
偏差绝对值 $|d_i|$			
平均偏差 $\bar{d}$			
相对平均偏差 $d_r/\%$			

3. 计算公式

$$总酸度 = \frac{cV_1M}{V} \times 100\%$$

式中　c——NaOH 标准溶液的浓度，mol·L^{-1}；

　　　V_1——消耗 NaOH 标准溶液的体积，mL；

　　　V——果汁试样的体积，mL；

　　　M——相应酸的摩尔质量，g·mol^{-1}。

【附注】

1. 样品颜色过深，可加入适量蒸馏水再滴定，亦可用电位或电导滴定。

2. 一般葡萄的总酸度用酒石酸表示，柑橘以柠檬酸表示，核仁、核果及浆果类以苹果酸表示，牛乳以乳酸表示。

3. 挥发酸的测定有直接法和间接法两种。

思 考 题

1. 对于颜色过深的样品，如何进行预处理？

2. 蒸馏水为什么要用新煮沸冷却的？

3. 指示剂能用甲基橙吗？为什么？

三、配位滴定分析法实验单元

实验 8　EDTA 标准溶液的配制和
标定及水硬度的测定

【实验目的】

1. 学会 EDTA 标准溶液的配制与标定方法。
2. 掌握配位滴定法测定水硬度的原理和方法。
3. 了解测定水硬度的意义和常用的硬度表示方法。
4. 理解酸度条件对配位滴定的影响。

【实验原理】

配位滴定中最常用的配位剂为乙二胺四乙酸，简称 EDTA，也常写作 H_4Y。EDTA 可与大多数金属离子形成 1:1 的螯合物。乙二胺四乙酸在水中的溶解度较小，22℃时溶解度为 $0.2g \cdot L^{-1}$，因此在配位滴定中使用的是溶解度较大的含有两分子结晶水的乙二胺四乙酸二钠盐，习惯上也称为 EDTA，常用 $Na_2H_2Y \cdot 2H_2O$ 表示。它在 22℃时溶解度约为 $120g \cdot L^{-1}$，浓度约为 $0.3mol \cdot L^{-1}$。$Na_2H_2Y \cdot 2H_2O$ 可以精制成纯品，直接配制成标准溶液。但由于提纯过程较为复杂，且水或试剂中的微量金属离子会改变 EDTA 的浓度，因此，常采用标定法配制 EDTA 标准溶液。

标定 EDTA 常用的基准物质有 Zn、Pb、Cu、Bi、ZnO、$CaCO_3$、$MgSO_4 \cdot 7H_2O$ 等。通常选用与被测组分相同的物质作为基准物质，使标定条件和测定条件尽量一致，以减小误差。例如，测水的硬度或石灰石中 CaO 含量，应用 $CaCO_3$ 或 $MgSO_4 \cdot 7H_2O$ 作基准物。测定 Pb^{2+} 和 Bi^{3+} 则应用 Zn、Pb 或 ZnO 作基准物。标定后的 EDTA 应贮存在聚乙烯塑料瓶或硬质玻璃瓶中，以避免 EDTA 缓慢

溶解玻璃中的 Ca^{2+} 形成 CaY^{2-} 而改变其浓度。本实验用 $CaCO_3$ 作基准物标定 EDTA。

用 $CaCO_3$ 标定 EDTA 时，用 $NH_3 \cdot H_2O\text{-}NH_4Cl$ 缓冲溶液调节溶液的 pH 值为 10.0，以铬黑 T（EBT）指示剂指示终点。铬黑 T 为有机染料，在不同的 pH 值有不同的颜色，pH$<$6 为红色；pH$=$7$\sim$11 为蓝色；pH$>$12 为橙黄色。在 pH$=$7$\sim$11，铬黑 T 能与多种金属离子作用生成红色配合物。由于 CaY^{2-} 比 $CaIn^-$ 更为稳定，在化学计量点附近，EDTA 将夺取 $CaIn^-$ 中的 Ca^{2+} 形成 CaY^{2-}，同时释放出游离的铬黑 T 指示剂，溶液由酒红色变为蓝色。发生的反应如下：

$$Ca^{2+} + HIn^{2-} \Longrightarrow CaIn^- + H^+$$
酒红色

$$Ca^{2+} + H_2Y^{2-} \Longrightarrow CaY^{2-} + 2H^+$$

$$CaIn^- + H_2Y^{2-} \Longrightarrow CaY^{2-} + HIn^{2-} + H^+$$
酒红色　　　　　　　　　　纯蓝色

水的总硬度是指水中 Ca^{2+}、Mg^{2+} 的总量。水的总硬度包括暂时硬度和永久硬度。在水中以碳酸氢盐形式存在的钙、镁加热能被分解，析出沉淀而除去，这类盐所形成的硬度称为暂时硬度。而钙、镁的硫酸盐、氯化物和硝酸盐等所形成的硬度称为永久硬度。饮用水硬度过高会影响胃肠的消化功能，对身体有害。水的硬度是表示水质的重要指标。

在 pH$=$10 的 $NH_3 \cdot H_2O\text{-}NH_4Cl$ 缓冲溶液中，铬黑 T 与水中 Ca^{2+}、Mg^{2+} 形成紫红色配合物，然后用 EDTA 标准溶液滴定至终点时，置换出铬黑 T 使溶液呈现亮蓝色，即为终点。根据 EDTA 标准溶液的浓度和用量便可求出水样中的总硬度。

如果在 pH$>$12 时，Mg^{2+} 以 $Mg(OH)_2$ 沉淀形式被掩盖，加钙指示剂，用 EDTA 标准溶液滴定至溶液由红色变为蓝色，即为终点。根据 EDTA 标准溶液的浓度和用量求出水样中 Ca^{2+} 的含量。

滴定时，Fe^{3+}、Al^{3+} 对铬黑 T 指示剂有封闭作用，干扰测定。若水样中存在可用三乙醇胺掩蔽。Cu^{2+}、Pb^{2+}、Zn^{2+} 等干扰离子可用 KCN、Na_2S 掩蔽。

【仪器与试剂】

1. 仪器

分析天平，烧杯，移液管，酸式滴定管等。

2. 试剂

乙二胺四乙酸二钠（固体）：$Na_2H_2Y \cdot 2H_2O$。

$CaCO_3$（固体）：基准物质或分析纯，110℃ 干燥 2h。

$NH_3 \cdot H_2O$-NH_4Cl 缓冲溶液（pH＝10.00）。

铬黑 T 指示剂：1g 铬黑 T 和 100g NaCl 研细，混匀。

钙指示剂，$200g \cdot L^{-1}$ 三乙醇胺，2% Na_2S 溶液，$2mol \cdot L^{-1}$ NaOH 溶液，$6mol \cdot L^{-1}$ HCl 溶液，$0.05mol \cdot L^{-1}$ Mg-EDTA 盐溶液。

【实验步骤】

1. EDTA 溶液的配制和标定

（1）$0.01mol \cdot L^{-1}$ EDTA 溶液的配制

称取 1.9g 乙二胺四乙酸二钠（$Na_2H_2Y \cdot 2H_2O$）于 250mL 烧杯中，加水约 100mL，加 $0.05mol \cdot L^{-1}$ Mg-EDTA 盐溶液 2mL，微热使其完全溶解。溶解后转入 500mL 塑料瓶中，加水稀释至 500mL，摇匀。贴上标签，备用。

（2）以 $CaCO_3$ 为基准物标定 EDTA

减量法准确称取 $CaCO_3$ 0.25～0.28g 于 250mL 烧杯中。加数滴水润湿，盖上表面皿，再从烧杯嘴边滴加约 5mL $6mol \cdot L^{-1}$ HCl，待 $CaCO_3$ 完全溶解后，加蒸馏水 50mL，加热微沸几分钟以除去 CO_2。冷却后用少量蒸馏水冲洗烧杯内壁和表面皿，定量转移至 250mL 容量瓶中，用水稀释至刻度，摇匀。计算 Ca^{2+} 的准确浓度，贴上标签，备用。

用移液管移取 25.00mL Ca^{2+} 标准溶液于 250mL 锥形瓶中，加 5mL $NH_3 \cdot H_2O$-NH_4Cl 缓冲溶液及少量铬黑 T 指示剂，摇匀，然后用 EDTA 滴定至溶液由酒红色变为蓝色，即为终点。平行做 3 次，按下式计算 EDTA 溶液的物质的量浓度（mmol·L^{-1}），数据记录于表 1 中。

$$c_{EDTA} = \frac{c_1 V_1}{V}$$

式中　c_{EDTA}——EDTA 标准溶液的浓度，mmol·L^{-1}；

　　　　V——消耗 EDTA 溶液的体积，mL；

　　　　c_1——钙标准溶液的浓度，mmol·L^{-1}；

　　　　V_1——钙标准溶液的体积，mL。

2. 水样的测定

（1）总硬度的测定

① 吸取 50mL 自来水水样 3 份，分别放入 250mL 锥形瓶中。

② 加 3mL 200g·L^{-1} 三乙醇胺溶液，掩蔽 Fe^{3+}、Al^{3+} 等的干扰。

③ 加 5mL 缓冲溶液。

④ 加 0.2g（约一小勺）铬黑 T 指示剂，溶液呈明显的紫红色。

⑤ 立即用 10mmol·L^{-1} EDTA 标准溶液滴定至溶液刚好由红色变为蓝色，即为终点（滴定时充分摇动，使反应完全），记录用量（$V_{EDTA,1}$）。由下式计算：

$$总硬度(mmol \cdot L^{-1}) = \frac{c_{EDTA} V_{EDTA,1}}{V_0}$$

$$总硬度(以 CaCO_3 计, mg \cdot L^{-1}) = \frac{c_{EDTA} V_{EDTA,1}}{V_0} \times 100.1$$

式中　c_{EDTA}——EDTA 标准溶液的量浓度，mmol·L^{-1}；

　　　$V_{EDTA,1}$——消耗 EDTA 标准溶液的体积，mL；

V_0——水样的体积，mL；

100.1——碳酸钙的摩尔质量，g·mol^{-1}。

（2）钙硬度的测定

① 移取 50mL 自来水水样 3 份，分别放入锥形瓶中，以下同总硬度测定中步骤①～③。

② 加 1mL 2mol·L^{-1} NaOH 溶液（此时水样的 pH 为 12～13）。加 0.2g（约一小勺）钙指示剂（水样呈明显的紫红色）。立即用 EDTA 标准溶液滴定至溶液刚好由红色变为蓝色，即为终点。记录用量（$V_{EDTA,2}$），数据记录于表 2 中。钙硬度由下式计算：

$$钙硬度(Ca^{2+},mg·L^{-1})=\frac{c_{EDTA}V_{EDTA,2}}{V_0}×40.08$$

式中 $V_{EDTA,2}$——消耗 EDTA 标准溶液的体积，mL；

40.08——钙的摩尔质量，g·mol。

【数据记录与处理】

1. EDTA 溶液的配制和标定

表 1 EDTA 溶液配制和标定数据记录表

实验编号	1	2	3
称量瓶及 CaCO$_3$ 质量 m_1/g			
称量瓶及 CaCO$_3$ 质量 m_2/g			
CaCO$_3$ 质量(m_1-m_2)/g			
$V_{EDTA,初}$/mL			
$V_{EDTA,末}$/mL			
$V_{EDTA,耗}=(V_{EDTA,末}-V_{EDTA,初})$/mL			
c_{EDTA}/mol·L^{-1}			
$\bar{c}_{EDTA}$/mol·L^{-1}			
偏差绝对值$|d_i|$			

实验编号	1	2	3
平均偏差 $\bar{d}$			
相对平均偏差 $d_r/\%$			

2. 水样的测定

表 2　硬度测定实验数据记录表

水样编号	1	2	3
$V_{EDTA,初}/mL$			
$V_{EDTA,末}/mL$			
$V_{EDTA,耗}=(V_{EDTA,末}-V_{EDTA,初})/mL$			
总硬度（以 $CaCO_3$ 计）$/mg \cdot L^{-1}$			
平均总硬度（以 $CaCO_3$ 计）$/mg \cdot L^{-1}$			
偏差绝对值 $|d_i|$			
平均偏差 $\bar{d}$			
相对平均偏差 $d_r/\%$			
$V_{EDTA,初}/mL$			
$V_{EDTA,末}/mL$			
$V_{EDTA,耗}=(V_{EDTA,末}-V_{EDTA,初})/mL$			
钙硬度（以 Ca 计）$/mg \cdot L^{-1}$			
平均钙硬度（以 Ca 计）$/mg \cdot L^{-1}$			
偏差绝对值 $|d_i|$			
平均偏差 $\bar{d}$			
相对平均偏差 $d_r/\%$			

思　考　题

1. 通常使用乙二胺四乙酸二钠盐配制 EDTA 标准溶液，为什么不用乙二胺四乙酸？

2. 用 HCl 溶液溶解 $CaCO_3$ 基准物时，操作中应注意些什么？

3. 如果对水的硬度的测定结果要求保留 2 位有效数字，应如何量取 25mL 水样？

4. 根据上述数据，计算水中镁硬度是多少（以 $mg \cdot L^{-1}$ 表示）。

5. 当水中 Mg^{2+} 含量很低时，以铬黑 T 作指示剂，测水的总硬度，终点变色不敏锐，因此，在配制 EDTA 溶液时常加入少量的 Mg^{2+}（或 Mg-EDTA），然后再标定 EDTA 溶液的浓度，这样对测定结果有无影响？说明其原理。

实验 9　总铁的测定——EDTA 滴定法

【实验目的】

1. 学会 EDTA 标准溶液的配制与标定方法。
2. 掌握配位滴定法测定总铁的原理和方法。
3. 初步掌握实际样品的处理方法。
4. 进一步理解酸度条件对配位滴定的影响。

【实验原理】

在 pH 1.8～2.5 的酸性溶液中，Fe^{3+} 与 EDTA 生成稳定的配合物，以磺基水杨酸为指示剂，在 50～70℃ 用 EDTA 标准溶液滴定至溶液由蓝色变为黄色即为终点，主要反应如下：

$$Fe^{3+} + ssal^- \mathop{=\!=\!=} [Fe(ssal)]^{2+}$$

$$[Fe(ssal)]^{2+} + H_2Y^{2-} \mathop{=\!=\!=} FeY^- + 2H^+ + ssal^-$$

式中，$ssal^-$ 代表磺基水杨酸根离子。

【仪器与试剂】

1. 仪器

低温电炉，锥形瓶，酸式滴定管等。

2. 试剂

铁标准溶液（含铁量为 $1mg \cdot mL^{-1}$）：准确称取纯铁丝 1.0000g 于 250mL 烧杯中，加入 20mL 盐酸，低温加热溶解，冷却后移入 1000mL 容量瓶中加盐酸 30mL，用水稀释至刻度，摇匀。

磺基水杨酸（$100g \cdot L^{-1}$）。

硝酸（1+1）。

氨水（1+1）。

【实验步骤】

1. EDTA 标准溶液的配制和标定

称取 7.44g 乙二胺四乙酸二钠溶于 1000mL 水中，不易溶解可在低温电炉上加热处理，得 $0.02\,mol \cdot L^{-1}$ EDTA 标准溶液。

吸取 25mL 铁标准溶液于 250mL 锥形瓶中，加水至 50mL，加（1+1）HNO_3 溶液 2mL，加热至 50～70℃取下，加磺基水杨酸 10 滴，用（1+1）氨水滴定至橘红色，再用（1+1）硝酸调至紫红色，并过量 3～5 滴，加热至 50～70℃，趁热用标准 EDTA 溶液滴定至溶液由紫色变为亮黄色（铁含量低时为淡黄色），即为终点。数据记录于表 1 中。

滴定度计算：

$$T = \frac{25}{1000V}$$

式中　T——EDTA 标准溶液对铁的滴定度，$g \cdot mL^{-1}$；

V——滴定消耗 EDTA 标准溶液的体积，mL。

2. 铁样测定

称取 0.5g 试样，加 20mL HCl 溶解，过滤、洗涤、转移到 50mL 容量瓶中定容。准确移取 25.00mL 试样溶液于 250mL 锥形瓶中，以下按标定 EDTA 溶液的滴定步骤操作，数据记录于表 2 中。

样品中铁含量的计算：

$$w_{Fe} = \frac{TV}{m} \times 100\%$$

式中　T——EDTA 标准溶液对铁的滴定度，$g \cdot mL^{-1}$；

V——滴定消耗 EDTA 标准溶液的体积，mL；

m——取样量，g。

【数据记录与处理】

1. EDTA 标准溶液的配制和标定

表 1　EDTA 标准溶液配制与标定实验数据记录表

实验序号	1	2	3
$V_{EDTA,初}$/mL			
$V_{EDTA,末}$/mL			

续表

实验序号	1	2	3
$V_{EDTA,耗}=(V_{EDTA,末}-V_{EDTA,初})/mL$			
$c_{EDTA}/mol\cdot L^{-1}$			
$\bar{c}_{EDTA}/mol\cdot L^{-1}$			
偏差绝对值 $|d_i|$			
平均偏差 $\bar{d}$			
相对平均偏差 $d_r/\%$			

2. 铁样测定

表 2　总铁量测定实验数据记录表

实验编号	1	2	3
$V_{EDTA,初}/mL$			
$V_{EDTA,末}/mL$			
$V_{EDTA,耗}=(V_{EDTA,末}-V_{EDTA,初})/mL$			
$w_{Fe}=\dfrac{TV}{m}\times100\%$			
平均值			
偏差绝对值 $|d_i|$			
平均偏差 $\bar{d}$			
相对平均偏差 $d_r/\%$			

【附注】

1. 滴定时酸度应控制在 pH 1.8～2.5。pH<1 时，磺基水杨酸的配合能力降低，且 EDTA 与 Fe^{3+} 不能定量地配合，使结果偏低。pH 太大，Al^{3+}、Fe^{3+} 易水解而产生浑浊，其他干扰元素也将增多，影响测定。

2. 由于 EDTA 与铁反应速率较慢，故应在 $50\sim70℃$ 滴定。但温度不能过高，否则铝被滴定，使结果偏高。

3. 控制好滴定酸度、温度和速度，是本法的关键。尤其是近终点时，更要放慢滴定速度，防止过量。

4. 如试液中酸度太大，调节 pH 值时，可先用 20％氢氧化钠中和，再用（1＋1）氨水调节，避免氨水用量太多，产生大量铵盐影响酸度的控制。

5. 大量的铀、氯离子、硝酸根、低于一毫克的磷酸根和 10mg 的氟不干扰测定，大量磷酸根存在使终点不明显，钛和锆干扰测定。

思　考　题

1. 试述 EDTA 配位滴定法测定铁的原理。

2. EDTA 配位滴定法测定铁需要控制好哪些条件？

四、氧化还原滴定分析法实验单元

实验 10　高锰酸钾标准溶液的配制和标定及过氧化氢含量的测定

【实验目的】

1. 掌握标定高锰酸钾标准溶液浓度的原理和方法。
2. 了解高锰酸钾标准溶液的配制方法和保存条件。
3. 掌握高锰酸钾法测定过氧化氢含量的原理和方法。
4. 了解高锰酸钾法滴定的特点。

【实验原理】

$KMnO_4$ 是强氧化剂，很容易被还原性杂质还原，例如，在配制 $KMnO_4$ 溶液时所用的器皿、试剂和蒸馏水中的还原性杂质都会还原 $KMnO_4$，使 $KMnO_4$ 溶液的浓度发生改变。另外，市售的 $KMnO_4$ 也会有一定量的杂质，如 MnO_2、Cl^-、SO_4^{2-}、NO_3^- 等。因此，$KMnO_4$ 溶液不能直接配制成标准溶液，应先按一定程序配制大致浓度的溶液，然后进行标定。$KMnO_4$ 溶液见光易分解，应贮存在棕色瓶中，若长期使用，必须定期标定。

标定 $KMnO_4$ 溶液的基准物质有 $Na_2C_2O_4$、$H_2C_2O_4 \cdot 2H_2O$、As_2O_3 及纯铁等。其中 $Na_2C_2O_4$ 较为常用，$Na_2C_2O_4$ 不含结晶水，性质稳定，易于提纯。在酸性条件下，用 $Na_2C_2O_4$ 标定 $KMnO_4$ 的反应为：

$$2MnO_4^- + 5C_2O_4^{2-} + 16H^+ =\!=\!= 2Mn^{2+} + 10CO_2 \uparrow + 8H_2O$$

利用 $KMnO_4$ 本身的颜色指示终点，终点时由无色变为微红色。

在酸性溶液中，高锰酸钾能定量地氧化过氧化氢，其反应如下：

$$5H_2O_2 + 2MnO_4^- + 6H^+ \Longrightarrow 2Mn^{2+} + 5O_2\uparrow + 8H_2O$$

这个反应开始时进行得很慢，待溶液中有少量 Mn^{2+} 生成后，在 Mn^{2+} 的催化作用下反应可顺利进行。当反应到达化学计量点时，微过量的 MnO_4^- 使溶液呈微红色，表示终点已到。根据 $KMnO_4$ 的浓度及消耗的体积，按下式计算 H_2O_2 的质量分数：

$$w_{H_2O_2} = \frac{c_{MnO_4^-} V_{MnO_4^-} \times \dfrac{5}{2} \times M_{H_2O_2}}{\rho_{H_2O_2} V_{H_2O_2}} \times 100\%$$

式中，$\rho_{H_2O_2}$ 为 H_2O_2 的密度，可按 $\rho_{H_2O_2}=1.112\mathrm{kg\cdot L^{-1}}$ 计算。

【仪器与试剂】

1. 主要仪器

烧杯，酸式滴定管，锥形瓶，容量瓶，吸量管，移液管等。

2. 主要试剂

$KMnO_4$（固体），$3\mathrm{mol\cdot L^{-1}}$ H_2SO_4。

$Na_2C_2O_4$（固体）：分析纯或基准试剂，$105 \sim 110℃$ 下烘干 1h。

H_2O_2 试样（市售质量分数为 30% 的 H_2O_2 试剂）。

【实验步骤】

1. $0.02\mathrm{mol\cdot L^{-1}}$ $KMnO_4$ 溶液的配制与标定

（1）$0.02\mathrm{mol\cdot L^{-1}}$ $KMnO_4$ 溶液的配制

称取 1.6g $KMnO_4$ 溶于 500mL 水中，盖上表面皿，加热煮沸 30min，在加热过程中，应随时加水以补充因蒸发而损失的水。冷却后在暗处放置 7 天，然后用砂芯漏斗或玻璃纤维过滤除去 MnO_2 等杂质。滤液贮存于带玻璃塞的棕色瓶中。

实验室提前配制好一定浓度的 $KMnO_4$ 贮备溶液，实验时取一定量的 $KMnO_4$ 贮备溶液稀释到 $0.02\mathrm{mol\cdot L^{-1}}$ 即可。

（2）$KMnO_4$ 标准溶液浓度的标定

准确称取 3 份 0.13～0.16g 基准物质 $Na_2C_2O_4$，分别置于 250mL 锥形瓶中，加 40mL 水和 10mL 3mol·L^{-1} H_2SO_4，加热至 70～80℃，趁热用待标定的 $KMnO_4$ 溶液缓慢滴定。滴定开始时，MnO_4^- 颜色消失较慢，当溶液中产生少量 Mn^{2+} 后，Mn^{2+} 促使反应加快，滴定至溶液呈微红色，且半分钟不褪色，即为终点。在整个滴定过程中应保持溶液温度不低于 60℃。计算 $KMnO_4$ 标准溶液的浓度和相对平均偏差。记录数据于表 1 中。

2. 过氧化氢含量的测定

用吸量管量取 H_2O_2 试液 1mL，注入 250mL 容量瓶中，定容，摇匀。再移取稀释后的 H_2O_2 试液 25mL 于 250mL 锥形瓶中，加入 5mL 3mol·L^{-1} H_2SO_4，用 $KMnO_4$ 标准溶液滴定到溶液呈微红色，半分钟不褪色即为终点。平行做 3 份，计算试样中 H_2O_2 的质量分数。记录数据于表 2 中。

【数据记录与处理】

1. 0.02mol·L^{-1} $KMnO_4$ 溶液的配制与标定

表 1　高锰酸钾标准溶液配制与标定实验数据记录表

实验编号	1	2	3
称量瓶及 NaC_2O_4 的质量 m_1/g			
称量瓶及 NaC_2O_4 的质量 m_2/g			
$m_{Na_2C_2O_4}=(m_1-m_2)$/g			
$KMnO_4$ 起始读数 V_1/mL			
$KMnO_4$ 最终读数 V_2/mL			
$V_{KMnO_4}=(V_2-V_1)$/mL			
$c_{KMnO_4}=\dfrac{2m_{Na_2C_2O_4}\times1000}{5M_{Na_2C_2O_4}V_{KMnO_4}}$/mol·$L^{-1}$			
$\bar{c}_{KMnO_4}$/mol·L^{-1}			
偏差绝对值$|d_i|$			

续表

实验编号	1	2	3
平均偏差 $\bar{d}$			
相对平均偏差 $d_r / \%$			

2. 过氧化氢含量的测定

表 2 　过氧化氢含量测定实验数据记录表

实验编号	1	2	3
$KMnO_4$ 起始读数 V_1 / mL			
$KMnO_4$ 最终读数 V_2 / mL			
$V_{KMnO_4} = (V_2 - V_1) / mL$			
$w_{H_2O_2}$			
$\overline{w}_{H_2O_2}$			
偏差绝对值 $|d_r|$			
平均偏差 $\bar{d}$			
相对平均偏差 $d_r / \%$			

思　考　题

1. 配制 $KMnO_4$ 标准溶液时，为什么要把 $KMnO_4$ 溶液煮沸一定时间，并放置数天？配好的 $KMnO_4$ 溶液为什么要过滤后才能标定？过滤是否能用滤纸？

2. 配制好的 $KMnO_4$ 溶液为什么要装在棕色瓶中并放置暗处保存？

3. 用 $Na_2C_2O_4$ 标定 $KMnO_4$ 溶液的浓度时，为什么必须在过量 H_2SO_4 存在下进行？酸度过高或过低有无影响？为什么要加热到 $70 \sim 80℃$ 后才能进行滴定？温度过高或过低有什么影响？

4. 用 $KMnO_4$ 滴定 H_2O_2，为什么要用 H_2SO_4 酸化？能否用 HNO_3 或 HCl 代替 H_2SO_4？为什么？

5. 有位同学为了加快 $KMnO_4$ 溶液滴定 H_2O_2 反应的进行，滴定开始时，在溶液中加入了少许 Mn^{2+}。这样做是否可行？对滴定结果有无影响？

实验 11　水中高锰酸钾盐指数的测定（高锰酸钾法）

【实验目的】

1. 学会 $KMnO_4$ 标准溶液的配制与标定。
2. 掌握清洁水中高锰酸钾盐指数的测定原理和方法。

【实验原理】

高锰酸钾盐指数，指在一定条件下，以高锰酸钾为氧化剂，处理水样时所消耗高锰酸钾的量，结果以 O_2 计，单位为 $mg \cdot L^{-1}$。在此条件下，水中的许多无机物（如：NO_2^-、Fe^{2+}）和可以被氧化的有机物，均消耗高锰酸钾，因此，高锰酸钾盐指数是水体中还原性物质（含有机物和无机物）污染程度的综合指标之一。高锰酸钾盐指数称作高锰酸钾法的化学需氧量，现在国内外水质监测分析中均采用高锰酸钾盐指数这一术语。我国规定水体中高锰酸钾盐指数的标准为 $210mg\ O_2 \cdot L^{-1}$。

在酸性条件下，$KMnO_4$ 将水样中的某些有机物及还原性的物质氧化，剩余的 $KMnO_4$ 用过量的草酸钠（$Na_2C_2O_4$）还原，再以 $KMnO_4$ 标准溶液返滴剩余的 $Na_2C_2O_4$，根据加入过量 $KMnO_4$ 和 $Na_2C_2O_4$ 标准溶液的量及最后 $KMnO_4$ 标准溶液的用量，计算高锰酸钾盐指数，以 $mg\ O_2 \cdot L^{-1}$ 表示。

主要反应方程式如下，C 代表有机物等还原性物质：

$$4MnO_4^- + 5C + 12H^+ =\!=\!= 4Mn^{2+} + 5CO_2 \uparrow + 6H_2O$$
（过量）　（有机物）

$$2MnO_4^- + 5C_2O_4^{2-} + 16H^+ =\!=\!= 2Mn^{2+} + 10CO_2 \uparrow + 8H_2O$$
（剩余）　（过量）

$$2MnO_4^- + 5C_2O_4^{2-} + 16H^+ =\!=\!= 2Mn^{2+} + 10CO_2 \uparrow + 8H_2O$$
（剩余）

计算：

$$高锰酸钾盐指数 = \frac{\left[c_1(V_1 + V_2) - c_2 V\right] \times 8 \times 1000}{V_水}$$

式中　c_1——1/5$KMnO_4$ 标准溶液的浓度（$c_{1/5KMnO_4}$），$mol \cdot L^{-1}$；

　　　V_1——开始时加入 $KMnO_4$ 标准溶液的用量，mL；

　　　V_2——最后滴定 $KMnO_4$ 标准溶液的用量，mL；

　　　c_2——1/2$Na_2C_2O_4$ 标准溶液的浓度，$mol \cdot L^{-1}$；

　　　V——加入 $Na_2C_2O_4$ 标准溶液的量，mL；

　　　8——1/2O 的摩尔质量，$g \cdot mol^{-1}$；

　　　$V_水$——水样的体积，mL。

或按下式计算：

$$COD = \frac{\left[\frac{5}{4} c_{MnO_4^-}(V_1 + V_2)_{MnO_4^-} - \frac{1}{2}(cV)_{C_2O_4^{2-}}\right] \times 32 g \cdot mol^{-1} \times 1000}{V_水}$$

式中　V_1——开始时加入 $KMnO_4$ 标准溶液的量，mL；

　　　V_2——最后滴定 $KMnO_4$ 标准溶液的用量，mL；

　　　c_2——$Na_2C_2O_4$ 标准溶液的浓度，$mol \cdot L^{-1}$；

　　　V——加入 $Na_2C_2O_4$ 标准溶液的量，mL；

　　　32——氧气的摩尔质量，$g \cdot mol^{-1}$；

　　　$V_水$——水样的体积，mL。

【仪器与试剂】

1. 仪器

烧杯，酸式滴定管，锥形瓶，容量瓶，吸量管，移液管等。

2. 试剂

（1）0.0020$mol \cdot L^{-1}$高锰酸钾溶液

① $c_{KMnO_4} = 0.02 mol \cdot L^{-1}$（$c_{1/5KMnO_4} \approx 0.1 mol \cdot L^{-1}$）

高锰酸钾溶液的配制：称取 3.2g $KMnO_4$ 溶于 1.2L 蒸馏水中，煮沸，使体积减少至 1L 左右。放置过夜，用 G-3 号玻璃砂芯漏斗过滤后，滤液贮于棕色瓶中，避光保存。

② $c_{KMnO_4} = 0.0020\,mol \cdot L^{-1}$ $(c_{1/5KMnO_4} \approx 0.01\,mol \cdot L^{-1})$

高锰酸钾溶液的配制：取 30mL 0.02mol·L^{-1} KMnO$_4$ 溶液用水稀释至 300mL，混匀，贮于棕色瓶中，避光保存。使用当天应标定其准确浓度。

（2）$c_{1/2NaC_2O_4} \approx 0.01\,mol \cdot L^{-1}$ $(c_{NaC_2O_4} \approx 0.0050\,mol \cdot L^{-1})$

草酸钠标准溶液的配制：减量法准确称取在 105～106℃ 烘干并冷却的草酸钠 0.17～0.19g，溶于水，移入 250mL 容量瓶中，用蒸馏水稀释至刻度。

（3）3mol·L^{-1}硫酸。

【实验步骤】

1. KMnO$_4$ 溶液的标定

将 50mL 蒸馏水和 10mL 3mol·L^{-1} H$_2$SO$_4$ 依次加入 250mL 锥形瓶中，然后用移液管加 25.00mL 0.0050mol·L^{-1} Na$_2$C$_2$O$_4$ 标准溶液，加热至 70～85℃，趁热用 0.0020mol·L^{-1} KMnO$_4$ 溶液滴定至溶液由无色刚刚变为浅红色为滴定终点。准确记录 KMnO$_4$ 溶液用量。平行做 3 次，记录数据于表 1 中，并计算 KMnO$_4$ 标准溶液的准确浓度。

2. 水样测定

（1）取样。用移液管取清洁透明水样 100mL（浑浊水样取 10～25mL，加蒸馏水稀释至 100mL），将水样放入 250mL 锥形瓶中，共 3 份。

（2）加入 10mL 3mol·L^{-1} H$_2$SO$_4$，用滴定管准确加入约 10mL 0.0020mol·L^{-1} KMnO$_4$ 溶液（V_1），并投入几粒玻璃珠，加热至沸腾，从此时计时 10min。若溶液红色消失，说明水中有机物含量太多，则另取较少量水样，用蒸馏水稀释至 2～5 倍（至总体积 100mL）。再按步骤（1）、（2）重做。

（3）煮沸 10min 后，控制温度在 70～85℃，用吸量管准确加入 10.00mL 0.0050mol·L^{-1} 草酸钠溶液（V），摇匀，立即用 0.0020mol·L^{-1} KMnO$_4$ 溶液滴定至显微红色。记录消耗 KMnO$_4$ 溶液的量（V_2），所有数据记录于表 2 中。

【数据记录与处理】

1. KMnO$_4$ 溶液的标定

表 1 **KMnO$_4$ 标定实验数据记录表**

实验编号	1	2	3
Na$_2$C$_2$O$_4$ 及称量瓶质量 m_1/g			
Na$_2$C$_2$O$_4$ 及称量瓶质量 m_2/g			
$m_{Na_2C_2O_4} = (m_1 - m_2)$/g			
KMnO$_4$ 起始读数 V_1/mL			
KMnO$_4$ 最终读数 V_2/mL			
$V_{KMnO_4} = (V_2 - V_1)$/mL			
$c_{KMnO_4} = \dfrac{2m_{NaC_2O_4} \times 1000}{5M_{NaC_2O_4}V_{KMnO_4}}$			
$\bar{c}_{KMnO_4}$/mol·L^{-1}			
偏差绝对值$|d_i|$			
平均偏差 $\bar{d}$			
相对平均偏差 d_r/%			

2. 水样测定

表 2　水样测定实验数据记录表

实验编号	1	2	3
滴定管终读数/mL			
滴定管始读数/mL			
滴定过剩草酸钠的 $KMnO_4$ 用量 V_2/mL			
开始加入的 $KMnO_4$ 体积 V_1/mL			
加入 $Na_2C_2O_4$ 体积 V/mL			
高锰酸钾盐指数(以 O_2 计)/mg·L^{-1}			
高锰酸钾盐指数平均值(以 O_2 计)/mg·L^{-1}			
偏差绝对值 $|d_i|$			
平均偏差 $\overline{d}$			
相对平均偏差 d_r/%			

思　考　题

1. 在高锰酸钾盐指数的实际测定中，往往引入 $KMnO_4$ 标准溶液的校正系数 K，简述它的测定方法。说明 K 与 $KMnO_4$ 标准溶液的浓度 c 之间的关系。

2. 水样中 Cl^- 的浓度大于 $300mg·L^{-1}$ 时，干扰测定，如何测定可防止干扰？

实验 12　化学需氧量的测定
——重铬酸钾法

【实验目的】

1. 学会重铬酸钾标准溶液的配制。

2. 掌握清洁水中化学需氧量的测定原理和方法。

【实验原理】

化学需氧量（COD）是表征水中还原性物质（主要是有机物）的一个指标，它可以反映水体被有机物污染的情况。在一定条件下，水中能被重铬酸钾氧化的有机物的总量以 O_2 计，单位为 $mg \cdot L^{-1}$。水中化学需氧量与测试条件有关，应严格控制滴定条件，按照规定的操作步骤进行。

水样在强酸性条件下，过量的重铬酸钾标准溶液与水中有机物等还原性物质充分反应后，以试亚铁灵作为指示剂，用硫酸亚铁铵标准溶液返滴定剩余的 $K_2Cr_2O_7$，计量点时，溶液的颜色由黄色经蓝绿色至红褐色即为终点。根据硫酸亚铁铵的消耗量可计算出剩余 $K_2Cr_2O_7$ 的量 $n_{K_2Cr_2O_7(剩)}$，则与水中有机物反应的 $K_2Cr_2O_7$ 的量 $n_{K_2Cr_2O_7(耗)} = n_{K_2Cr_2O_7(总)} - n_{K_2Cr_2O_7(剩)}$，根据 $n_{K_2Cr_2O_7(耗)}$ 求化学需氧量（COD）。

主要反应方程式如下，C 代表水中有机物等还原性物质：

$$2Cr_2O_7^{2-} + 3C + 16H^+ \longrightarrow 4Cr^{3+} + 3CO_2 + 8H_2O$$
　　　（过量）（有机物）

$$6Fe^{2+} + Cr_2O_7^{2-} + 14H^+ \longrightarrow 6Fe^{3+} + 2Cr^{3+} + 7H_2O$$
　　（剩余）

$$Fe(C_{12}H_8N_2)_3^{3+} \longrightarrow Fe(C_{12}H_8N_2)_3^{2+}$$
　　　（蓝色）　　　　　　　　（红色）

由于重铬酸钾溶液呈橙黄色，还原产物 Cr^{3+} 呈绿色，所以硫酸亚铁铵标准溶液返滴定过程中，溶液的颜色变化是逐渐由橙黄色→蓝绿色→蓝色，滴定时立即由蓝色变为红色。

同时取无有机物的蒸馏水做空白试验。

特别指出，所用重铬酸钾标准溶液的浓度以 $1/6K_2Cr_2O_7$ 计。

【仪器与试剂】

1. 仪器

回流装置，酸式滴定管，锥形瓶，移液瓶，容量瓶等。

2. 试剂

重铬酸钾标准溶液（$c_{1/6K_2Cr_2O_7} = 0.2500\,mol\cdot L^{-1}$）：称取预先在 120℃烘干 2d 的基准或优质纯重铬酸钾 12.2588g 溶于水中，移入 1000mL 容量瓶中，加水稀释至刻度，摇匀。

试亚铁灵指示剂：称取 1.4850g 邻菲啰啉（$C_{12}H_8N_2\cdot H_2O$）、0.6950g 硫酸亚铁（$FeSO_4\cdot 7H_2O$）溶于水中，稀释至 100mL，贮于棕色瓶内。

硫酸亚铁铵标准溶液 $\left[c_{(NH_4)_2Fe(SO_4)_2\cdot 6H_2O} \approx 0.1\,mol\cdot L^{-1}\right]$：称取 39.5g 硫酸亚铁铵溶于水中，边搅拌边缓慢加入 20mL 浓硫酸，冷却后移入 1000mL 容量瓶中，加水稀释至刻度，摇匀。临用前，用重铬酸钾标准溶液滴定。

硫酸-硫酸银溶液：于 500mL 浓硫酸中加入 5g 硫酸银。放置 1~2 天，不时摇动使其溶解。

硫酸汞：结晶或粉末。

【实验步骤】

1. 硫酸亚铁铵标准溶液的标定

准确吸取 10.00mL 重铬酸钾标准溶液于 500mL 锥形瓶中，加水稀释至 110mL 左右，缓慢加入 30mL 浓硫酸，混匀。冷却后，加入三滴试亚铁灵指示液（约 0.15mL），用硫酸亚铁铵溶液滴定，溶液的颜色由黄色经蓝绿色至红褐色即为终点。平行测定 3 次，数据记录于表 1 中。

$$c = \frac{0.2500 \times 10.00}{V}$$

式中　c——硫酸亚铁铵标准溶液的浓度，$mol \cdot L^{-1}$；

　　V——硫酸亚铁铵标准溶液的用量，mL。

　2. 水样的测定

　　取 10.00mL 混合均匀的水样（或适量水样稀释至 25.00mL）置于 250mL 磨口的回流锥形瓶中，准确加入 5.00mL 重铬酸钾标准溶液及数粒小玻璃珠或沸石，连接磨口回流冷凝管，从冷凝管上口慢慢地加入 15mL 硫酸-硫酸银溶液，轻轻摇动锥形瓶使溶液混匀，加热回流 2h（自开始沸腾计时）。

　　冷却后，用 45mL 水冲洗冷凝管壁，取下锥形瓶。溶液总体积不得少于 70mL，否则因酸度太大，滴定终点不明显。

　　溶液再度冷却后，加 3 滴试亚铁灵指示液，用硫酸亚铁铵标准溶液滴定，溶液的颜色由黄色经蓝绿色至红褐色即为终点，记录硫酸亚铁铵标准溶液的用量。

　　测定水样的同时，取 10.00mL 重蒸馏水，按同样操作步骤做空白试验。记录滴定空白时硫酸亚铁标准溶液的用量。数据记录于表 2 中。

　　计算公式：

$$\mathrm{COD_{Cr}}（以\ O_2\ 计，mg \cdot L^{-1}）= \frac{(V_0 - V_1)c \times 8 \times 1000}{V}$$

式中　c——硫酸亚铁铵标准溶液的浓度，$mol \cdot L^{-1}$；

　　V_0——滴定空白时硫酸亚铁铵标准溶液的用量，mL；

　　V_1——滴定水样时硫酸亚铁铵标准溶液的用量，mL；

　　V——水样的体积，mL；

　　8——$1/4 O_2$ 的摩尔质量，$g \cdot mol^{-1}$。

【数据记录与处理】

　1. 硫酸亚铁铵标准溶液的标定

表 1　硫酸亚铁铵标准溶液的标定实验数据记录表

实验编号	1	2	3
滴定管终读数 V_2/mL			

续表

实验编号	1	2	3
滴定管始读数 V_1/mL			
消耗硫酸亚铁铵体积 $V=(V_2-V_1)$/mL			
硫酸亚铁铵浓度/mol·L^{-1}			
平均值			
偏差绝对值$\lvert d_i \rvert$			
平均偏差 $\overline{d}$			
相对平均偏差 d_r/%			

2. 水样测定

表 2　水样测定实验数据记录表

实验编号	1	2	3
$V_{水样}$/mL			
滴定管终读数(空白)/mL			
滴定管始读数(空白)/mL			
消耗硫酸亚铁铵体积(空白)V_0/mL			
滴定管终读数(水样)/mL			
滴定管始读数(水样)/mL			
消耗硫酸亚铁铵体积(水样)V_1/mL			
COD_{Cr}(以 O_2 计,mg·L^{-1})			
平均值			
偏差绝对值$\lvert d_i \rvert$			
平均偏差 $\overline{d}$			
相对平均偏差 d_r/%			

【附注】

1. 水样取用体积可在 10.00～50.00mL 范围内，但试剂用量及浓度按表 3 进行相应调整，也可得到满意结果。

2. 对于化学需氧量小于 50mg·L^{-1} 的水样，应改用 0.0250mol·L^{-1} 重铬酸钾标准溶液。回流液滴定时用 0.01mol·L^{-1} 硫酸亚铁铵标准溶液。

3. 水样加热回流后，溶液中重铬酸钾剩余量应为加入量的 1/5～4/5 为宜。

4. COD_{Cr} 的测定结果应保留三位有效数字。

表 3　水样取用体积和实际用量

水样体积/mL	消耗 0.2500mol·L^{-1} $K_2Cr_2O_7$ 溶液的体积/mL	H_2SO_4- Ag_2SO_4 溶液的体积/mL	$HgSO_4$ /g	$c_{(NH_4)_2Fe(SO_4)_2}$ /mol·L^{-1}	滴定前总体积/mL
10.0	5.0	15	0.2	0.050	70
20.0	10.0	30	0.4	0.100	140
30.0	15.0	45	0.6	0.150	210
40.0	20.0	60	0.8	0.200	280
50.0	25.0	75	1.0	0.250	350

5. 每次实验时，应对硫酸亚铁铵标准滴定溶液进行标定，室温较高时尤其注意其浓度的变化。

思　考　题

1. 在测定 COD_{Cr} 时，水样加热回流后，溶液中重铬酸钾的用量应如何控制？

2. 每次实验时，使用硫酸亚铁铵标准溶液，应注意什么？为什么？

3. 测定水样中 COD 有什么意义？

五、分光光度法实验单元

实验 13　钢铁中磷的测定
——磷钼蓝光度法

【实验目的】

1. 练习分光光度计的操作方法。

2. 掌握磷钼蓝光度法测定钢铁中磷的原理和方法。

3. 了解钢样品的处理方法。

【实验原理】

钢铁中往往从原料中带入少量磷，主要以固溶体磷化物 Fe_2P 或 Fe_3P 状态存在。钢铁中磷含量高于 0.1% 时，其抗冲击性能下降。一般磷含量限制在 0.06% 以下，优质钢含磷量在 0.04% 或 0.03% 以下，炼钢的生铁中含磷量应少于 0.3%。钢铁中磷含量的测定非常重要。

试样用氧化性酸溶解后，将磷氧化成正磷酸和少量的偏磷酸及亚磷酸：

$$3Fe_3P + 41HNO_3 \Longrightarrow 3H_3PO_4 + 9Fe(NO_3)_3 + 14NO\uparrow + 16H_2O$$
$$3Fe_3P + 41HNO_3 \Longrightarrow 3HPO_3 + 9Fe(NO_3)_3 + 14NO\uparrow + 19H_2O$$
$$Fe_3P + 13HNO_3 \Longrightarrow H_3PO_3 + 3Fe(NO_3)_3 + 4NO\uparrow + 5H_2O$$

在煮沸过程中，偏磷酸能逐渐转变为正磷酸。亚磷酸不与钼酸铵反应生成磷钼杂多酸，可能生成的亚磷酸必须用过硫酸铵或者高锰酸钾来将其氧化为正磷酸：

$$H_3PO_3 + (NH_4)_2S_2O_8 + 2HNO_3 + H_2O \Longrightarrow$$
$$H_3PO_4 + 2NH_4NO_3 + 2H_2SO_4$$
$$5H_3PO_3 + 2KMnO_4 + 6HNO_3 \Longrightarrow$$
$$5H_3PO_4 + 2KNO_3 + 2Mn(NO_3)_2 + 3H_2O$$

氧化过程中，如果生成 MnO_2，须用亚硝酸钠或者过氧化氢将其还原。

在一定温度和一定酸介质中使磷酸与钼酸铵反应生成黄色的磷钼杂多酸配合物——磷钼黄：

$$H_3PO_4 + 12H_2MoO_4 \Longrightarrow H_3[PMo_{12}O_{40}] + 12H_2O$$

然后直接在水溶液中用氯化亚锡还原成磷钼蓝配合物（$H_3PO_4 \cdot 10MoO_3 \cdot Mo_2O_5$ 或 $H_3PO_4 \cdot 8MoO_3 \cdot 2Mo_2O_5$），磷钼蓝配合物的蓝色深度与含磷量成正比，可以测量其吸光度。

本法适用于碳钢、低合金钢、硅钢、高锰钢、生铁的控制分析，测定范围为 $0.010\% \sim 0.050\%$。

【仪器与试剂】

1. 仪器

分光光度计，锥形瓶，容量瓶，移液管等。

2. 试剂

硝酸-硫酸混合酸：不断搅拌下，将 50mL 浓硫酸缓慢加入 800mL 蒸馏水中，冷却后，加浓硝酸 8mL，然后稀释至 1000mL，摇匀备用。

硫代硫酸钠溶液（$100g \cdot L^{-1}$）。

过硫酸铵（固体）。

钼酸铵溶液（$2.5g \cdot L^{-1}$）。

抗坏血酸溶液（$10g \cdot L^{-1}$）。

硝酸铋溶液（$3g \cdot L^{-1}$）：将 4mL 浓硫酸加入 100mL 蒸馏水中，然后加入 0.3g 硝酸铋，搅拌溶解。

过氧化氢（$30g \cdot L^{-1}$）：1 份 30% 的过氧化氢与 9 份蒸馏水混合。

磷标准贮备液（$0.1mg \cdot mL^{-1}$）：称取 0.4393g 磷酸二氢钾（预先经 $105 \sim 110℃$ 烘干至恒重），以适量水溶解后，移入 1000mL 容量瓶中，用水稀释至刻度，摇匀，此溶液含磷为 $0.1mg \cdot mL^{-1}$。

磷标准溶液（$10\mu g \cdot mL^{-1}$）：分取上述贮备液 10mL 移至 100mL

容量瓶中，水稀释至刻度，摇匀，得含磷的标准工作液为 $10\mu g \cdot mL^{-1}$。

【实验步骤】

1. 钢样分解

准确称取 0.2000g 钢样于 150mL 锥形瓶中，加入 2～3g 过硫酸铵，加 45mL 硝酸-硫酸混合酸，小火加热溶解。如有 MnO_2 析出或溶液呈褐色，滴加 $30g \cdot L^{-1}$ 的过氧化氢至高价锰恰好还原，煮沸 1min 使过氧化氢分解，冷至室温，转移入 100mL 容量瓶中，用蒸馏水稀释至刻度，摇匀。如有沉淀，可进行干过滤，弃去开始流出的滤液约 10mL，以后收集的滤液作为测磷的试液。

2. 钢样中磷的测定

准确吸取 10.00mL 上述试液于 100mL 容量瓶中，依次加入 3 滴 $100g \cdot L^{-1}$ 硫代硫酸钠溶液、5mL $10g \cdot L^{-1}$ 抗坏血酸、5mL $3g \cdot L^{-1}$ 硝酸铋溶液、20mL $2.5g \cdot L^{-1}$ 钼酸铵溶液，待 5min 后用 1cm 的比色皿，在波长 680 nm 处以蒸馏水为参比进行测定，根据工作曲线，计算磷的质量分数。

注：加入硫代硫酸钠将 AsO_4^{3-} 还原为低价态，消除砷的干扰：$AsO_4^{3-} + 2S_2O_3^{2-} + 10H^+ \rlap{=}{=} As^{3+} + H_2S_4O_6 + 4H_2O$，在有抗坏血酸同时存在下，上述还原效果更好，因此提前加入抗坏血酸。硝酸铋为催化剂，它催化磷钼黄的形成。

3. 工作曲线的绘制

称取 0.2000g 不同含磷量的标准钢样，分别加入 0.00mL、0.50mL、1.00mL、1.50mL、2.00mL、2.50mL 磷标准溶液，按上述操作方法溶解试样并进行测定，以吸光度对标准钢样的磷质量分数绘制工作曲线。

磷的质量分数按下式计算：

$$w_P = \frac{m_1 V}{m V_1} \times 100\%$$

式中 m——称样量，g；

m_1——从工作曲线上查得磷的量，g；

V_1——移取试液体积，mL；

　V——试液总体积，mL。

所有实验数据记录于表 1 中。

【数据记录与处理】

表 1　标准曲线绘制及钢样中磷的测定数据记录表

实验编号	1	2	3
磷质量浓度/mg·L^{-1}			
吸光度 A			
试样中磷质量分数/%			
平均值			
偏差绝对值 $\lvert d_i \rvert$			
平均偏差 $\overline{d}$			
相对平均偏差 d_{r}/%			

思　考　题

1. 简述氟化钠-氯化亚锡还原-磷钼蓝光度法测定钢铁中磷的方法原理。

2. 试说明在用磷钼蓝光度法测定钢铁中磷时，为何要避免硅的干扰？如何消除硅的干扰？

3. 实验中加入氟化钠的作用是什么？

实验 14 邻二氮菲分光光度法测定铁的条件研究及微量铁的测定

【实验目的】

1. 了解分光光度计的结构及操作方法。
2. 掌握邻二氮菲分光光度法测定铁的原理和方法。
3. 了解光度分析法选择实验条件的方法。

【实验原理】

应用分光光度法测定铁时，显色剂种类较多，如磺基水杨酸、硫氰酸盐、5-KBr-PADAP、邻二氮菲及其衍生物等。

邻二氮菲是测定微量铁的高灵敏性、高选择性试剂，邻二氮菲分光光度法是化工产品中微量铁测定的通用方法。在 pH 为 $2\sim9$ 的溶液中，邻二氮菲和 Fe^{2+} 反应生成橘红色配合物。

该配合物的 $\lg\beta_3 = 21.3$（20℃），在 510nm 处有最大吸收，摩尔吸光系数 $\varepsilon_{508} = 1.1\times10^4 \text{ L·mol}^{-1}\text{·cm}^{-1}$。

若铁为 Fe^{3+}，可用盐酸羟胺还原：

$$2Fe^{3+} + 2NH_2OH = 2Fe^{2+} + 2H^+ + N_2\uparrow + 2H_2O$$

邻二氮菲与 Fe^{3+} 也能生成 3：1 的淡蓝色配合物，其 $\lg\beta_3 = 14.10$。因此，在显色之前应预先用盐酸羟胺（$NH_2OH\cdot HCl$）将全部铁还原为 Fe^{2+}。邻二氮菲与 Bi^{3+}、Cd^{2+}、Hg^{2+}、Ag^+、Zn^{2+} 等离子生成沉淀，与 Co^{2+}、Cu^{2+}、Ni^{2+} 等离子形成有色配合物，因此应设法消除以上离子的干扰。

【仪器与试剂】

1. 仪器

分光光度计，50mL 容量瓶（或 50mL 比色管），小烧杯，5mL 吸量管，10mL 吸量管，100mL 容量瓶，1000mL 容量瓶。

2. 试剂

$100\mu g \cdot mL^{-1}$ 铁标准贮备液：准确称取 0.8634g 铁铵矾 $NH_4Fe(SO_4)_2 \cdot 12H_2O$ 于小烧杯中，加入 20mL $6mol \cdot L^{-1}$ HCl 和适量蒸馏水,溶解后,定量转移到 1L 容量瓶中,用蒸馏水稀释至刻度,摇匀。

$10\mu g \cdot mL^{-1}$ 铁标准溶液:准确吸取 $100\mu g \cdot mL^{-1}$ 铁标准贮备液 10mL 于 100mL 容量瓶中,用水稀释至刻度,摇匀。

$1.5g \cdot L^{-1}$ 邻二氮菲水溶液（新鲜配制）。

$100g \cdot L^{-1}$ 盐酸羟胺溶液（新鲜配制）。

NaAc 溶液（$1mol \cdot L^{-1}$）。

$6mol \cdot L^{-1}$ HCl 溶液。

【实验步骤】

1. 标准曲线的绘制

用吸量管分别准确移取 0.00mL、2.00mL、4.00mL、6.00mL、8.00mL、10.00mL $10\mu g \cdot mL^{-1}$ 铁标液，各加入 $100g \cdot L^{-1}$ 盐酸羟胺 1mL，摇匀。再加入 $1.5g \cdot L^{-1}$ 邻二氮菲水溶液 2mL 和 $1mol \cdot L^{-1}$ 醋酸钠溶液 5mL，以蒸馏水稀释至刻度，摇匀。放置 10min 后，用 1cm 比色皿，以试剂空白为参比，在 510nm 波长下，同时测定各溶液的吸光度，绘制标准曲线，即 c-A 曲线。数据记录于表 1 中。

2. 样品中铁含量的测定

准确吸取 5.00mL 试液 3 份，分别置于 50mL 比色管中，各加入 1mL $100g \cdot L^{-1}$ 盐酸羟胺溶液，摇匀。再加入 $1.5g \cdot L^{-1}$ 邻二氮菲水溶液 2mL，$1mol \cdot L^{-1}$ 醋酸钠溶液 5mL，以蒸馏水稀释至刻度，摇匀。放置 10min 后，用 1cm 吸收池，以步骤 1 的试剂空白为参比，在 510nm 波长下，测定各溶液的吸光度。根据吸光度从标准曲线上查出试液中的铁含量，并计算出原试液中铁的含量，以 mg·L^{-1} 表示。数据记录于表 2 中。

【数据记录与处理】

1. 标准曲线的绘制

表 1　标准曲线的绘制

铁标液量/mL	0.00	2.00	4.00	6.00	8.00	10.00
铁质量浓度/mg·L^{-1}						
吸光度 A						

2. 样品中铁含量的测定

表 2　试样含铁量测定实验数据记录表

编号	1	2	3
吸光度 A			
铁质量浓度/mg·L^{-1}			
平均值			
偏差绝对值 $|d_i|$			
平均偏差 $\bar{d}$			
相对平均偏差 d_r/%			

思　考　题

1. 邻二氮菲分光光度法测定铁的适宜条件是什么？

2. 根据绘制的标准曲线计算邻二氮菲亚铁溶液在最大吸收波长处的摩尔吸收系数。

3. 试拟定出邻二氮菲分光光度法分别测定试样中微量 Fe^{2+} 和 Fe^{3+} 含量的分析方案。

附　　录

附录 1　常用酸、碱溶液的配制

1. 酸溶液的配制

名　称	$c/\text{mol}\cdot\text{L}^{-1}$	配　制　方　法
HCl	12	浓 HCl
	9	750mL 浓HCl＋250mL 水
	6	500mL 浓HCl＋500mL 水
	2	167mL 浓HCl＋833mL 水
	1	83mL 浓HCl＋917mL 水
	0.5	42mL 浓HCl＋958mL 水
HNO₃	16	浓 HNO₃
	6	380mL 浓HNO₃＋620mL 水
	3	188mL 浓HNO₃＋812mL 水
	2	126mL 浓HNO₃＋874mL 水
	1	63mL 浓HNO₃＋937mL 水
H₂SO₄	18	浓 H₂SO₄
	2	111mL 浓 H₂SO₄ 慢慢加到 500mL 水中,冷却后加水稀释到 1L
	1	55.5mL 浓 H₂SO₄ 慢慢加到 800mL 水中,冷却后加水稀释到 1L
CH₃COOH	17	冰醋酸
	6	350mL 冰醋酸＋650mL 水
	2	120mL 冰醋酸＋880mL 水
	1	60mL 冰醋酸＋940mL 水

2. 碱溶液的配制

名　称	$c/\text{mol}\cdot\text{L}^{-1}$	配　制　方　法
NaOH	6	240g NaOH 溶于 400mL 水中,盖上表面皿,放冷,再用水稀释至 1L
	2	80g NaOH 溶于 150mL 水中,盖上表面皿,放冷,再用水稀释至 1L

名　称	$c/\mathrm{mol \cdot L^{-1}}$	配　制　方　法
KOH	0.5	28g KOH 加 50mL 水,搅拌溶解,放冷后,稀释至 1L
$NH_3 \cdot H_2O$	15	浓氨水
	6	400mL 浓氨水与 600mL 水混合
	2	133mL 浓氨水与 867mL 水混合
$Ba(OH)_2$	饱和	取 72g $Ba(OH)_2 \cdot 8H_2O$,溶于 1L 水中,充分搅拌放置 24h 后,吸取上层溶液使用,注意防止吸收 CO_2
$Ca(OH)_2$	饱和	17g $Ca(OH)_2$ 溶于 1L 水中,使用前新配

附录 2　分析实验中有关单位符号

量名称	量符号	正确的单位	废除的单位
长度	l	m、km、cm、mm、μm、nm、pm	μ、u、mu、mμ
体积	V	m^3、dm^3、cm^3、mm^3、μm^3、L、mL	cc、ccm、μ^3、u^3、λ
质量	m	kg、g、mg、μg	gr、r、rr、克拉
物质的量	n	mol、mmol、μmol、nmol	aeq、Val、g-mol、mM；maeq、mVa、μVal、uaeq、naeq、nVal
物质的量浓度	c	$\mathrm{mol \cdot L^{-1}}$、$\mathrm{mmol \cdot L^{-1}}$、$\mathrm{nmol \cdot L^{-1}}$、$\mathrm{\mu mol \cdot L^{-1}}$	M、aeq/L、Val/L、N、n、mM、epm、maeq/L、mavl/L、μM、uM、uaeq/L
质量浓度	ρ_B	$\mathrm{kg \cdot dm^{-3}}$、$\mathrm{g \cdot cm^{-3}}$、$\mathrm{mg \cdot cm^{-3}}$、$\mathrm{kg \cdot L^{-1}}$、$\mathrm{g \cdot L^{-1}}$、$\mathrm{mg \cdot L^{-1}}$、$\mathrm{\mu g \cdot L^{-1}}$、$\mathrm{ng \cdot L^{-1}}$	g%、mg%、%(W/V)、‰(W/V)、g‰、mg‰、g%(W/V)、mg%(W/V)、r%、ppm(W/V)、ppb(W/V)
体积分数	φ_B	10^{-2}、10^{-3}、10^{-6}、10^{-9}	%(V/V)、Vol%、‰、‰(V/V)、Vol‰、ppm、ppm(V/V)
质量分数	w_B	10^{-2}、10^{-3}、10^{-6}、10^{-9}	%(W/W)、‰(W/W)、ppm、ppm(W/W)

续表

量名称	量符号	正确的单位	废除的单位
质量摩尔浓度	b m	$mol\cdot kg^{-1}$，$mol\cdot g^{-1}$， $mmol\cdot kg^{-1}$，$\mu mol\cdot kg^{-1}$， $mmol\cdot g^{-1}$，$\mu mol\cdot g^{-1}$	ppb，ppb(W/W)，m，mm，μm， um
摩尔比	x	10^{-3}，10^{-6}	mol％，‰，mol‰
热力学温度	T	K	°K，deg，grd
摄氏温度	t	℃	C，(°)
压力、压强	p	Pa，kPa，MPa	atm，at，bar，b，mmHg，Torr， mbar，mb，mmH_2O
时间	t	s，ks，Ms，ms	Std，St，yr，hr

附录 3　常用基准物质的干燥条件和应用

基准物质		干燥后组成	干燥条件/℃	标定对象
名　称	分子式			
碳酸氢钠	$NaHCO_3$	Na_2CO_3	270～300	酸
碳酸钠	$Na_2CO_3\cdot 10H_2O$	Na_2CO_3	270～300	酸
碳酸氢钾	$KHCO_3$	K_2CO_3	270～300	酸
草酸	$H_2C_2O_4\cdot 2H_2O$	$H_2C_2O_4\cdot 2H_2O$	室温空气干燥	碱或 $KMnO_4$
邻苯二甲酸氢钾	$KHC_8H_4O_4$	$KHC_8H_4O_4$	110～120	碱
重铬酸钾	$K_2Cr_2O_4$	$K_2Cr_2O_7$	140～150	还原剂
溴酸钾	$KBrO_3$	$KBrO_3$	130	还原剂
碘酸钾	KIO_3	KIO_3	130	还原剂
铜	Cu	Cu	室温干燥器中保存	还原剂
三氧化二砷	As_2O_3	As_2O_3	室温干燥器中保存	氧化剂
草酸钠	$Na_2C_2O_4$	$Na_2C_2O_4$	130	氧化剂
碳酸钙	$CaCO_3$	$CaCO_3$	110	EDTA
锌	Zn	Zn	室温干燥器中保存	EDTA
氧化锌	ZnO	ZnO	900～1000	EDTA
氯化钠	NaCl	NaCl	500～600	$AgNO_3$
氯化钾	KCl	KCl	500～600	$AgNO_3$
硝酸银	$AgNO_3$	$AgNO_3$	280～290	氯化物

附录 4　弱酸及其共轭碱在水中的离解常数

$$(25℃，I=0)$$

弱　　酸	分子式	K_a	pK_a	共轭碱	
				pK_b	K_b
砷酸	H_3AsO_4	$6.3\times10^{-3}(K_{a_1})$	2.20	11.80	$1.6\times10^{-12}(K_{b_3})$
		$1.0\times10^{-7}(K_{a_2})$	7.00	7.00	$1\times10^{-7}(K_{b_2})$
		$3.2\times10^{-12}(K_{a_3})$	11.50	2.50	$3.1\times10^{-3}(K_{b_1})$
亚砷酸	$HAsO_2$	6.0×10^{-10}	9.22	4.78	1.7×10^{-5}
硼酸	H_3BO_3	5.8×10^{-10}	9.24	4.76	1.7×10^{-5}
焦硼酸	$H_2B_4O_7$	$1\times10^{-4}(K_{a_1})$	4	10	$1\times10^{-3}(K_{b_2})$
		$1\times10^{-9}(K_{a_2})$	9	5	$1\times10^{-5}(K_{b_1})$
碳酸	H_2CO_3	$4.2\times10^{-7}(K_{a_1})$	6.38	7.62	$2.4\times10^{-8}(K_{b_2})$
	(H_2O+CO_2)	$5.6\times10^{-11}(K_{a_2})$	10.25	3.75	$1.8\times10^{-4}(K_{b_1})$
氢氰酸	HCN	6.2×10^{-10}	9.21	4.79	1.6×10^{-5}
铬酸	H_2CrO_4	$1.8\times10^{-1}(K_{a_1})$	0.74	13.26	$5.6\times10^{-14}(K_{b_2})$
		$3.2\times10^{-7}(K_{a_2})$	6.50	7.50	$3.1\times10^{-8}(K_{b_1})$
氢氟酸	HF	6.6×10^{-4}	3.18	10.82	1.5×10^{-11}
亚硝酸	HNO_2	5.1×10^{-4}	3.29	10.71	1.2×10^{-11}
过氧化氢	H_2O_2	1.8×10^{-12}	11.75	2.25	5.6×10^{-3}
磷酸	H_3PO_4	$7.6\times10^{-3}(K_{a_1})$	2.12	11.88	$1.3\times10^{-12}(K_{b_3})$
		$6.3\times10^{-8}(K_{a_2})$	7.20	6.80	$1.6\times10^{-7}(K_{b_2})$
		$4.4\times10^{-13}(K_{a_3})$	12.36	1.64	$2.3\times10^{-2}(K_{b_1})$
焦磷酸	$H_4P_2O_7$	$3.0\times10^{-2}(K_{a_1})$	1.52	12.48	$3.3\times10^{-13}(K_{b_4})$
		$4.4\times10^{-3}(K_{a_2})$	2.36	11.64	$2.3\times10^{-12}(K_{b_3})$
		$2.5\times10^{-7}(K_{a_3})$	6.60	7.40	$4.0\times10^{-8}(K_{b_2})$
		$5.6\times10^{-10}(K_{a_4})$	9.25	4.75	$1.8\times10^{-5}(K_{b_1})$
亚磷酸	H_3PO_3	$5.0\times10^{-2}(K_{a_1})$	1.30	12.70	$2.0\times10^{-13}(K_{b_2})$
		$2.5\times10^{-7}(K_{a_2})$	6.60	7.40	$4.0\times10^{-8}(K_{b_1})$
氢硫酸	H_2S	$1.3\times10^{-7}(K_{a_1})$	6.88	7.12	$7.7\times10^{-8}(K_{b_2})$
硫酸	H_2SO_4	$1.0\times10^{-2}(K_{a_2})$	1.99	12.01	$1.0\times10^{-12}(K_{b_1})$
亚硫酸	H_2SO_3	$1.3\times10^{-2}(K_{a_1})$	1.90	12.10	$7.7\times10^{-13}(K_{b_2})$
	(SO_2+H_2O)	$6.3\times10^{-8}(K_{a_2})$	7.20	6.80	$1.6\times10^{-7}(K_{b_1})$
偏硅酸	H_2SiO_3	$1.6\times10^{-12}(K_{a_1})$	9.77	4.23	$5.9\times10^{-5}(K_{a_1})$
		$1.6\times10^{-12}(K_{a_2})$	11.8	2.20	$6.2\times10^{-3}(K_{b_1})$
甲酸	$HCOOH$	1.8×10^{-4}	3.74	10.26	5.5×10^{-11}

续表

弱　酸	分子式	K_a	pK_a	共轭碱	
				pK_b	K_b
乙酸	CH_3COOH	1.8×10^{-5}	4.47	9.26	5.5×10^{-10}
一氯乙酸	$CH_2ClCOOH$	1.4×10^{-3}	2.86	11.14	6.9×10^{-12}
二氯乙酸	$CHCl_2COOH$	5.0×10^{-2}	1.30	12.70	2.0×10^{-13}
三氯乙酸	CCl_3COOH	0.23	0.64	13.36	4.3×10^{-14}
氨基乙酸盐	$^+NH_3CH_2COOH$	$4.5 \times 10^{-3}(K_{a_1})$	2.35	11.65	$2.2 \times 10^{-12}(K_{b_2})$
	$^+NH_3CH_2COO^-$	$2.5 \times 10^{-10}(K_{a_2})$	9.60	4.40	$4.0 \times 10^{-5}(K_{b_1})$
乳酸	$CH_3CHOHCOOH$	1.4×10^{-4}	3.86	10.14	7.2×10^{-11}
苯甲酸	C_6H_5COOH	6.2×10^{-5}	4.21	9.79	1.6×10^{-10}
草酸	$H_2C_2O_4$	$5.9 \times 10^{-2}(K_{a_1})$	1.22	12.78	$1.7 \times 10^{-13}(K_{b_2})$
		$6.4 \times 10^{-5}(K_{a_2})$	4.19	9.81	$1.6 \times 10^{-10}(K_{b_1})$
d-酒石酸	$CH(OH)COOH$ $|$ $CH(OH)COOH$	$9.1 \times 10^{-4}(K_{a_1})$	3.04	10.96	$1.1 \times 10^{-11}(K_{b_2})$
		$4.3 \times 10^{-5}(K_{a_2})$	4.37	9.63	$2.3 \times 10^{-10}(K_{b_1})$
邻苯二甲酸	—COOH —COOH	$1.1 \times 10^{-3}(K_{a_1})$	2.59	11.05	$9.1 \times 10^{-12}(K_{b_2})$
		$3.9 \times 10^{-5}(K_{a_2})$	5.41	8.59	$2.6 \times 10^{-9}(K_{b_1})$
柠檬酸	CH_2COOH $|$ $C(OH)COOH$ $|$ CH_2COOH	$7.4 \times 10^{-4}(K_{a_1})$	3.13	10.87	$1.4 \times 10^{-11}(K_{b_3})$
		$1.7 \times 10^{-5}(K_{a_2})$	4.76	9.26	$5.9 \times 10^{-10}(K_{b_2})$
		$4.0 \times 10^{-7}(K_{a_3})$	6.40	7.60	$2.5 \times 10^{-8}(K_{b_1})$
苯酚	C_6H_5OH	1.1×10^{-10}	9.95	4.05	9.1×10^{-5}
乙二胺四乙酸	$H_6\text{-}EDTA^{2+}$	$0.13(K_{a_1})$	0.9	13.1	$7.7 \times 10^{-14}(K_{b_6})$
	$H_5\text{-}EDTA^+$	$3 \times 10^{-4}(K_{a_2})$	1.6	12.4	$3.3 \times 10^{-13}(K_{b_5})$
	$H_4\text{-}EDTA$	$1 \times 10^{-2}(K_{a_3})$	2.0	12.0	$1 \times 10^{-12}(K_{b_4})$
	$H_3\text{-}EDTA^-$	$2.1 \times 10^{-3}(K_{a_4})$	2.67	11.33	$4.8 \times 10^{-12}(K_{b_3})$
	$H_2\text{-}EDTA^{2-}$	$6.9 \times 10^{-7}(K_{a_5})$	6.16	7.84	$1.4 \times 10^{-8}(K_{b_2})$
	$H\text{-}EDTA^{3-}$	$5.5 \times 10^{-11}(K_{a_6})$	10.26	3.74	$1.8 \times 10^{-4}(K_{b_1})$
氨离子	NH_4^+	5.5×10^{-10}	9.26	4.74	1.8×10^{-5}
联氨离子	$^+H_3NNH_3^+$	3.3×10^{-9}	8.48	5.52	3.0×10^{-6}
羟胺离子	NH_3^+OH	1.1×10^{-6}	5.96	8.04	9.1×10^{-9}
甲胺离子	$CH_3NH_3^+$	2.4×10^{-11}	10.62	3.38	4.2×10^{-4}
乙胺离子	$C_2H_5NH_3^+$	1.8×10^{-11}	10.75	3.25	5.6×10^{-4}
二甲胺离子	$(CH_3)_2NH_2^+$	8.5×10^{-11}	10.07	3.93	1.2×10^{-4}
二乙胺离子	$(C_2H_5)_2NH_2^+$	7.8×10^{-12}	11.11	2.89	1.3×10^{-3}

续表

弱　酸	分子式	K_a	pK_a	共轭碱	
				pK_b	K_b
乙醇胺离子	$HOCH_2CH_2NH_3^+$	3.2×10^{-10}	9.50	4.50	3.2×10^{-5}
三乙醇胺离子	$(HOCH_2CH_2)_3NH^+$	1.7×10^{-8}	7.76	6.24	5.8×10^{-7}
六亚甲基四胺离子	$(CH_2)_6N_4H^+$	7.1×10^{-6}	5.15	8.85	1.4×10^{-9}
乙二胺离子	$^+H_3NCH_2CH_2NH_3^+$	$1.4 \times 10^{-7}(K_{a_1})$	6.85	7.15	$7.1 \times 10^{-8}(K_{b_2})$
	$H_2NCH_2CH_2NH_3^+$	$1.2 \times 10^{-10}(K_{a_2})$	9.93	4.07	$8.5 \times 10^{-5}(K_{b_1})$
吡啶离子	NH^+	5.9×10^{-6}	5.23	8.77	1.7×10^{-9}

附录5　常用的缓冲溶液

1. 几种常用缓冲溶液的配制

pH 值	配　制　方　法
0	$1mol \cdot L^{-1}$ HCl[①]
1	$0.1mol \cdot L^{-1}$ HCl
2	$0.01mol \cdot L^{-1}$ HCl
3.6	$NaAc \cdot 3H_2O$ 8g,溶于适量的水中,加 $6mol \cdot L^{-1}$ HAc 134mL,稀释至 500mL
4.0	$NaAc \cdot 3H_2O$ 20g,溶于适量的水中,加 $6mol \cdot L^{-1}$ HAc 134mL,稀释至 500mL
4.5	$NaAc \cdot 3H_2O$ 32g,溶于适量的水中,加 $6mol \cdot L^{-1}$ HAc 68mL,稀释至 500mL
5.0	$NaAc \cdot 3H_2O$ 50g,溶于适量的水中,加 $6mol \cdot L^{-1}$ HAc 134mL,稀释至 500mL
5.7	$NaAc \cdot 3H_2O$ 100g,溶于适量的水中,加 $6mol \cdot L^{-1}$ HAc 13mL,稀释至 500mL
7	NH_4Ac 77g,用水溶解后,稀释至 500mL
7.5	NH_4Cl 60g,溶于适量的水中,加 $15mol \cdot L^{-1}$ 氨水 1.4mL,稀释至 500mL
8.0	NH_4Cl 50g,溶于适量的水中,加 $15mol \cdot L^{-1}$ 氨水 3.5mL,稀释至 500mL
8.5	NH_4Cl 40g,溶于适量的水中,加 $15mol \cdot L^{-1}$ 氨水 8.8mL,稀释至 500mL
9.0	NH_4Cl 35g,溶于适量的水中,加 $15mol \cdot L^{-1}$ 氨水 24mL,稀释至 500mL
9.5	NH_4Cl 30g,溶于适量的水中,加 $15mol \cdot L^{-1}$ 氨水 65mL,稀释至 500mL

pH 值	配　制　方　法
10.0	NH_4Cl 27g,溶于适量的水中,加 15mol·L^{-1} 氨水 197mL,稀释至 500mL
10.5	NH_4Cl 9g,溶于适量的水中,加 15mol·L^{-1} 氨水 175mL,稀释至 500mL
11	NH_4Cl 3g,溶于适量的水中,加 15mol·L^{-1} 氨水 207mL,稀释至 500mL
12	0.01mol·L^{-1} NaOH②
13	0.1mol·L^{-1} NaOH

① Cl^- 对测定有干扰时,用 HNO_3。

② Na^+ 对测定有干扰时,可用 KOH。

2. 不同温度下标准缓冲溶液的 pH 值

温度/℃	0.05mol·L^{-1}草酸三氢钾	25℃饱和酒石酸氢钾	0.05mol·L^{-1}邻苯二甲酸氢钾	0.025mol·L^{-1} KH_2PO_4 + 0.025mol·L^{-1} Na_2HPO_4	0.0086955mol·$L^{-1}KH_2PO_4$ + 0.03043mol·$L^{-1}Na_2HPO_4$	0.05mol·L^{-1}硼砂	25℃饱和氢氧化钙
10	1.670	—	3.998	6.923	7.472	9.332	13.011
15	1.672	—	3.999	6.900	7.448	9.276	12.820
20	1.675	—	4.002	6.881	7.429	9.225	12.637
25	1.679	3.559	4.008	6.865	7.413	9.180	12.460
30	1.683	3.551	4.015	6.853	7.400	9.139	12.292
40	1.694	3.547	4.035	6.838	7.380	9.068	11.975
50	1.707	3.555	4.060	6.833	7.367	9.011	11.697
60	1.723	3.573	4.091	6.836	—	8.962	11.426

附录6　常用的指示剂

1. 酸碱指示剂

指　示　剂	变色范围 pH 值	颜色 酸色	碱色	pK (HIn)	浓　　度
百里酚蓝(第一次变色)	1.2~2.8	红	黄	1.6	0.1%(20%乙醇溶液)
甲基黄	2.9~4.0	红	黄	3.3	0.1%(90%乙醇溶液)
甲基橙	3.1~4.4	红	黄	3.4	0.1%水溶液
溴酚蓝	3.1~4.6	黄	紫	4.1	0.1%(20%乙醇溶液)或指示剂钠盐的水溶液
溴甲酚绿	3.8~5.4	黄	蓝	4.9	0.1%水溶液,每 100mg 指示剂加 0.05mol·L^{-1} NaOH 2.9mL

续表

指示剂	变色范围 pH 值	颜色		pK (HIn)	浓　　度
		酸色	碱色		
甲基红	4.4～6.2	红	黄	5.2	0.1%(60%乙醇溶液)或指示剂钠盐的水溶液
溴百里酚蓝	6.0～7.6	黄	蓝	7.3	0.1%(20%乙醇溶液)或指示剂钠盐的水溶液
中性红	6.8～8.0	红	黄橙	7.4	0.1%(60%乙醇溶液)
酚红	6.7～8.4	黄	红	8.0	0.1%(60%乙醇溶液)或指示剂钠盐的水溶液
酚酞	8.0～9.6	无	红	9.1	0.1%(90%乙醇溶液)
百里酚蓝(第二次变色)	8.0～9.6	黄	蓝	8.9	0.1%(20%乙醇溶液)
百里酚酞	9.4～10.6	无	蓝	10.0	0.1%(90%乙醇溶液)

2.混合酸碱指示剂

指示剂溶液的组成	变色点 pH	颜色		备　　注
		酸色	碱色	
一份 0.1%甲基黄乙醇溶液 一份 0.1%亚甲基蓝乙醇溶液	3.25	蓝紫	绿	pH=3.4 绿色 pH=3.2 蓝绿色
一份 0.1%甲基橙水溶液 一份 0.25%靛蓝二磺酸钠水溶液	4.1	紫	黄绿	
三份 0.1%溴甲酚绿乙醇溶液 一份 0.2%甲基红乙醇溶液	5.1	酒红	绿	
一份 0.1%溴甲酚绿钠盐水溶液 一份 0.1%氯酚红钠盐水溶液	6.1	黄绿	蓝紫	pH=5.4 蓝紫色,pH=5.8 蓝色,pH=6.0 蓝带紫,pH=6.2 蓝紫
一份 0.1%中性红乙醇溶液 一份 0.1%亚甲基蓝乙醇溶液	7.0	蓝紫	绿	pH=7.0 紫蓝色
一份 0.1%甲酚红钠盐水溶液 三份 0.1%百里酚蓝钠盐水溶液	8.3	黄	紫	pH=8.2 玫瑰色 pH=8.4 清晰的紫色
一份 0.1%百里酚蓝 50%乙醇溶液 三份 0.1%酚酞 50%乙醇溶液	9.0	黄	紫	从黄到绿再到紫
两份 0.1%百里酚酞乙醇溶液 一份 0.1%茜素黄乙醇溶液	10.2	黄	紫	

3. 配位滴定指示剂（金属指示剂）

名　称	配　制	用于测定		
		元素	颜色变化	测定条件
酸性铬蓝 K	0.1%乙醇溶液	Ca	红～蓝	pH=12
		Mg	红～蓝	pH=10(氨性缓冲溶液)
钙指示剂	与 NaCl 配成 1:100 的固体混合物	Ca	酒红～蓝	pH>12(KOH 或 NaOH)
铬黑 T	与 NaCl 配成 1:100 的固体混合物	Al	蓝～红	pH=7~8,吡啶存在下,以 Zn²⁺ 回滴
		Bi	蓝～红	pH=9~10,以 Zn²⁺ 回滴
		Ca	红～蓝	pH=10,加入 Mg-EDTA
		Cd	红～蓝	pH=10(氨性缓冲溶液)
		Mg	红～蓝	pH=10(氨性缓冲溶液)
		Mn	红～蓝	氨性缓冲溶液,加羟胺
		Ni	红～蓝	氨性缓冲溶液
		Pb	红～蓝	氨性缓冲溶液加酒石酸
		Zn	红～蓝	pH=6.3~10(氨性缓冲溶液)
o-PAN	0.1%乙醇(或甲醇)溶液	Cd	红～黄	pH=6(醋酸-醋酸钠缓冲溶液)
		Co	黄～红	醋酸缓冲溶液,70~80℃,以 Cu²⁺ 回滴
		Cu	紫～黄	pH=10(氨性缓冲溶液)
			红～黄	pH=6(醋酸-醋酸钠缓冲溶液)
		Zn	粉红～黄	pH=5~7(醋酸-醋酸钠缓冲溶液)
磺基水杨酸	1%~2%水溶液	Fe(III)	红紫～黄	pH=1.5~3
二甲酚橙	0.5%乙醇(或水)溶液	Bi	红～黄	pH=1~2(HNO₃)
		Cd	粉红～黄	pH=5~6(六亚甲基四胺)
		Pb	红紫～黄	pH=5~6(醋酸-醋酸钠缓冲溶液)
		Th(IV)	红～黄	pH=1.6~3.5(HNO₃)
		Zn	红～黄	pH=5~6(醋酸-醋酸钠缓冲溶液)

4. 氧化还原指示剂

名　称	配　制	$\varphi^{\ominus}$(pH=0)	氧化型颜色	还原型颜色
二苯胺	1%浓硫酸溶液	+0.76	紫	无色
二苯胺磺酸钠	0.2%水溶液	+0.85	红紫	无色
邻苯氨基苯甲酸	0.2%水溶液	+0.89	红紫	无色

5. 吸附指示剂

名　　称	配　　制	用于测定		
		可测元素 （括号内为滴定剂）	颜色变化	测定 条件
荧光黄	1%钠盐水溶液	Cl^-、Br^-、I^-、SCN^-（Ag^+）	黄绿～粉红	中性或 弱酸性
二氯荧光黄	1%钠盐水溶液	Cl^-、Br^-、I^-（Ag^+）	黄绿～粉红	pH＝ 4.4～7
四溴荧光黄（曙红）	1%钠盐水溶液	Br^-、I^-（Ag^+）	橙红～红紫	pH＝ 1～2

附录7　氨羧配合剂类配合物的稳定常数

$$(18\sim25℃，I＝0.1mol\cdot L^{-1})$$

金属离子	lgK						
	EDTA	DCyTA	DTPA	EGTA	HEDTA	NTA	
						$lg\beta_1$	$lg\beta_2$
Ag^+	7.32			6.88	6.71	5.16	
Al^{3+}	16.3	19.5	18.6	13.9	14.3	11.4	
Ba^{2+}	7.86	8.69	8.87	8.41	6.3	4.82	
Be^{2+}	9.2	11.51				7.11	
Bi^{3+}	27.94	32.3	35.6		22.3	17.5	
Ca^{2+}	10.69	13.20	10.83	10.97	8.3	6.41	
Cd^{2+}	16.46	19.93	19.2	16.7	13.3	9.83	14.61
Co^{2+}	16.31	19.62	19.27	12.39	14.6	10.38	14.39
Co^{3+}	36				37.4	6.84	
Cr^{3+}	23.4					6.23	
Cu^{2+}	18.80	22.00	21.55	17.71	17.6	12.96	
Fe^{2+}	14.32	19.0	16.5	11.87	12.3	8.33	
Fe^{3+}	25.1	30.1	28.0	20.5	19.8	15.9	
Ga^{3+}	20.3	23.2	25.54		16.9	13.6	
Hg^{2+}	21.7	25.00	26.70	23.2	20.30	14.6	
In^{3+}	25.0	28.8	29.0		20.2	16.9	
Li^+	2.79					2.51	

续表

金属离子	lgK					NTA	
	EDTA	DCyTA	DTPA	EGTA	HEDTA	lgβ_1	lgβ_2
Mg^{2+}	8.7	11.02	9.30	5.21	7.0	5.41	
Mn^{2+}	13.87	17.48	15.60	12.28	10.9	7.44	
$Mo(V)$	约28						
Na^+	1.66						1.22
Ni^{2+}	18.62	20.3	20.32	13.55	17.3	11.53	16.42
Pb^{2+}	18.04	20.38	18.80	14.71	15.7	11.39	
Pd^{2+}	18.5						
Sc^{3+}	23.1	26.1	24.5	18.2			24.1
Sn^{2+}	22.11						
Sr^{2+}	8.73	10.59	9.77	8.50	6.9	4.98	
Th^{4+}	23.2	25.6	28.78				
TiO^{2+}	17.3						
Tl^{3+}	37.8	38.3				20.9	32.5
U^{4+}	25.8	27.6	7.69				
VO^{2+}	18.8	20.1					
Y^{3+}	18.09	19.85	22.13	17.16	14.78	11.41	20.43
Zn^{2+}	16.50	19.37	18.40	12.7	14.7	10.67	14.29
Zr^{4+}	29.5		35.8			20.8	
稀土元素	16~20	17~22	19		13~16	10~12	

附录8　常见化合物的摩尔质量

化　合　物	摩尔质量 /g·mol^{-1}	化　合　物	摩尔质量 /g·mol^{-1}
Ag_3AsO_4	462.52	AgI	234.77
$AgBr$	187.77	$AgNO_3$	169.87
$AgCl$	143.32	$AlCl_3$	133.34
$AgCN$	133.89	$AlCl_3 \cdot 6H_2O$	241.43
$AgSCN$	165.95	$Al(NO_3)_3$	213.00
Ag_2CrO_4	331.73	$Al(NO_3)_3 \cdot 9H_2O$	375.13

化　合　物	摩尔质量/$g \cdot mol^{-1}$	化　合　物	摩尔质量/$g \cdot mol^{-1}$
Al_2O_3	101.96	$CoCl_2 \cdot 6H_2O$	237.93
$Al(OH)_3$	78.00	$Co(NO_3)_2$	132.94
$Al_2(SO_4)_3$	342.14	$Co(NO_3)_2 \cdot 6H_2O$	291.03
$Al_2(SO_4)_3 \cdot 18H_2O$	666.41	CoS	90.99
As_2O_3	197.84	$CoSO_4$	154.99
As_2O_5	229.84	$CoSO_4 \cdot 7H_2O$	281.10
As_2S_3	246.02	$Co(NH_2)_2$	60.06
		$CrCl_3$	158.35
$BaCO_3$	197.34	$CrCl_3 \cdot 6H_2O$	266.45
BaC_2O_4	225.35	$Cr(NO_3)_3$	238.01
$BaCl_2$	208.24	Cr_2O_3	151.99
$BaCl_2 \cdot 2H_2O$	244.27	$CuCl$	98.999
$BaCrO_4$	253.32	$CuCl_2$	134.45
BaO	153.33	$CuCl_2 \cdot 2H_2O$	170.48
$Ba(OH)_2$	171.34	$CuSCN$	121.62
$BaSO_4$	233.39	CuI	190.45
$BiCl_3$	315.34	$Cu(NO_3)_2$	187.56
$BiOCl$	260.43	$Cu(NO_3)_2 \cdot 3H_2O$	241.60
		CuO	79.545
CO_2	44.01	Cu_2O	143.09
CaO	56.08	CuS	95.61
$CaCO_3$	100.09	$CuSO_4$	159.60
CaC_2O_4	128.10	$CuSO_4 \cdot 5H_2O$	249.68
$CaCl_2$	110.99		
$CaCl_2 \cdot 6H_2O$	219.08	$FeCl_2$	126.76
$Ca(NO_3)_2 \cdot 4H_2O$	236.15	$FeCl_2 \cdot 4H_2O$	198.81
$Ca(OH)_2$	74.09	$FeCl_3$	162.21
$Ca_3(PO_4)_2$	310.18	$FeCl_3 \cdot 6H_2O$	270.30
$CaSO_4$	136.14	$FeNH_4(SO_4)_2 \cdot 12H_2O$	482.18
$CdCO_3$	172.42	$Fe(NO_3)_3$	241.86
$CdCl_2$	183.32	$Fe(NO_3)_3 \cdot 9H_2O$	404.00
CdS	144.47	FeO	71.846
$Ce(SO_4)_2$	332.24	Fe_2O_3	159.69
$Ce(SO_4)_2 \cdot 4H_2O$	404.30	Fe_3O_4	231.54
$CoCl_2$	129.84	$Fe(OH)_3$	106.87

化　合　物	摩尔质量/g·mol⁻¹	化　合　物	摩尔质量/g·mol⁻¹
FeS	87.91	$Hg(NO_3)_2$	324.60
Fe_2S_3	207.87	HgO	216.59
$FeSO_4$	151.90	HgS	232.65
$FeSO_4 \cdot 7H_2O$	278.01	$HgSO_4$	296.65
$FeSO_4 \cdot (NH_4)_2SO_4 \cdot 6H_2O$	392.13	Hg_2SO_4	497.24
H_3AsO_3	125.94	K_2CO_3	138.21
H_3AsO_4	141.94	K_2CrO_4	194.19
H_3BO_3	61.83	$K_2Cr_2O_7$	294.18
HBr	80.912	$K_3Fe(CN)_6$	329.25
HCN	27.026	$K_4Fe(CN)_6$	368.35
HCOOH	46.026	$KFe(SO_4)_2 \cdot 12H_2O$	503.24
CH_3COOH	60.052	$KHC_2O_4 \cdot H_2O$	146.14
H_2CO_3	62.025	$KHC_2O_4 \cdot H_2C_2O_4 \cdot 2H_2O$	254.19
$H_2C_2O_4$	90.035	$KHC_4H_4O_6$	188.18
$H_2C_2O_4 \cdot 2H_2O$	126.07	$KHSO_4$	136.16
HCl	36.461	KI	166.00
HF	20.006	KIO_3	214.00
HI	127.91	$KIO_3 \cdot HIO_3$	389.91
HIO_3	175.91	$KMnO_4$	158.03
HNO_3	63.013	$KNaC_4H_4O_6 \cdot 4H_2O$	282.22
HNO_2	47.013	KNO_3	101.10
H_2O	18.015	KNO_2	85.104
H_2O_2	34.015	K_2O	94.196
H_3PO_4	97.995	KOH	56.106
H_2S	34.08	KSCN	97.18
H_2SO_3	82.07	KBr	119.00
H_2SO_4	98.07	$KBrO_3$	167.00
		KCl	74.551
$Hg(CN)_2$	252.63	$KClO_3$	122.55
$HgCl_2$	271.50	$KClO_4$	138.55
Hg_2Cl_2	472.09	KCN	65.116
HgI_2	454.40	K_2SO_4	174.25
$Hg_2(NO_3)_2$	525.19		
$Hg_2(NO_3)_2 \cdot 2H_2O$	561.22	$MgCl_2$	95.211

化　合　物	摩尔质量/$g \cdot mol^{-1}$	化　合　物	摩尔质量/$g \cdot mol^{-1}$
$MgCl_2 \cdot 6H_2O$	203.30	Na_2O	61.979
$MgCO_3$	84.314	Na_2O_2	77.978
MgC_2O_4	112.33	$NaOH$	39.997
$Mg(NO_3)_2 \cdot 6H_2O$	256.41	Na_3PO_4	163.94
$MgNH_4PO_4$	137.32	Na_2S	78.04
MgO	40.304	$Na_2S \cdot 9H_2O$	240.18
$Mg(OH)_2$	58.32	Na_2SO_3	126.04
MgP_2O_7	222.55	Na_2SO_4	142.04
$MgSO_4 \cdot 7H_2O$	246.47	$Na_2S_2O_3$	158.10
		$Na_2S_2O_3 \cdot 5H_2O$	248.17
$MnCO_3$	114.95	CH_3COONa	82.034
$MnCl_2 \cdot 4H_2O$	197.91	$CH_3COONa \cdot 3H_2O$	136.08
$Mn(NO_3)_2 \cdot 6H_2O$	287.04		
MnO	70.937	NO	30.006
MnO_2	86.937	NO_2	46.006
MnS	87.00	NH_3	17.03
$MnSO_4$	151.00	CH_3COONH_4	77.083
$MnSO_4 \cdot 4H_2O$	223.06	NH_4Cl	53.491
		$(NH_4)_2CO_3$	96.086
Na_3AsO_3	191.89	$(NH_4)_2C_2O_4$	124.10
$Na_2B_4O_7$	201.22	$(NH_4)_2C_2O_4 \cdot H_2O$	142.11
$NaB_4O_7 \cdot 10H_2O$	381.37	NH_4SCN	76.12
$NaBiO_3$	279.97	NH_4HCO_3	79.055
$NaCl$	58.443	$(NH_4)_2MoO_4$	196.01
$NaClO$	74.442	NH_4NO_3	80.043
$NaCN$	49.007	$(NH_4)_2HPO_4$	132.06
$NaSCN$	81.07	$(NH_4)_2S$	68.14
Na_2CO_3	105.99	$(NH_4)_2SO_4$	132.13
$Na_2CO_3 \cdot 10H_2O$	286.14	NH_4VO_3	116.98
$Na_2C_2O_4$	134.00	$NiCl_2 \cdot 6H_2O$	237.69
$NaHCO_3$	84.007	NiO	74.69
$Na_2HPO_4 \cdot 12H_2O$	358.14	$Ni(NO_3)_2 \cdot 6H_2O$	290.79
$Na_2H_2Y \cdot 2H_2O$	372.24	NiS	90.75
$NaNO_2$	68.995	$NiSO_4 \cdot 7H_2O$	280.85
$NaNO_3$	84.995	P_2O_5	141.94

化　合　物	摩尔质量 /g·mol^{-1}	化　合　物	摩尔质量 /g·mol^{-1}
$PbCO_3$	267.20	$SnCl_4$	260.52
PbC_2O_4	295.22	$SnCl_4 \cdot 5H_2O$	350.596
$PbCl_2$	278.10	SnO_2	150.71
$PbCrO_4$	323.20	SnS	150.776
$Pb(CH_3COO)_2$	325.30	$SrCO_3$	147.63
$Pb(CH_3COO)_2 \cdot 3H_2O$	379.30	SrC_2O_4	175.64
PbI_2	461.00	$SrCrO_4$	203.61
$Pb(NO_3)_2$	331.20	$Sr(NO_3)_2$	211.63
PbO	223.20	$Sr(NO_3)_2 \cdot 4H_2O$	283.69
PbO_2	239.20	$SrSO_4$	183.68
$Pb_3(PO_4)_2$	811.54		
PbS	239.30	$UO_2(CH_3COO)_2 \cdot 2H_2O$	424.15
$PbSO_4$	303.00		
		$ZnCO_3$	125.39
SO_3	80.06	ZnC_2O_4	153.40
SO_2	64.06	$ZnCl_2$	136.29
$SbCl_3$	228.11	$Zn(CH_3COO)_2$	183.47
$SbCl_5$	299.02	$Zn(CH_3COO)_2 \cdot 2H_2O$	219.50
Sb_2O_3	291.50	$Zn(NO_3)_2$	189.39
Sb_2S_3	339.68	$Zn(NO_3)_2 \cdot 6H_2O$	297.48
SiF_4	104.08	ZnO	81.38
SiO_2	60.084	ZnS	97.44
$SnCl_2$	189.62	$ZnSO_4$	161.44
$SnCl_2 \cdot 2H_2O$	225.65	$ZnSO_4 \cdot 7H_2O$	287.54

参 考 文 献

[1] 李克安. 分析化学教程. 北京：北京大学出版社，2005.
[2] 武汉大学，中国科技大学，中山大学. 分析化学. 北京：高等教育出版社，2002.
[3] 华东理工大学分析化学教研组，成都科学技术大学分析化学教研组. 分析化学. 4 版. 北京：高等教育出版社，2001.
[4] 庄京，林金明. 基础分析化学实验. 北京：高等教育出版社，2007.
[5] 佘振宝，姜桂兰. 分析化学实验. 北京：化学工业出版社，2005.
[6] 华中师范大学，东北师范大学，陕西师范大学，北京师范大学. 分析化学实验. 3 版. 北京：高等教育出版社，2001.
[7] 成都科学技术大学分析化学教研组，浙江大学分析化学教研组. 分析化学实验. 2 版. 北京：高等教育出版社，2000.
[8] 刘约权，李贵深. 实验化学. 北京：高等教育出版社，2000.
[9] 陈培榕，邓勃. 现代仪器分析实验与技术. 北京：清华大学出版社，1999.
[10] 北京大学化学系分析化学教学组. 基础分析化学实验. 2 版. 北京：北京大学出版社，1998.
[11] 武汉大学，吉林大学，中山大学. 分析化学实验. 3 版. 北京：高等教育出版社，1994.
[12] 蔡明拓，刘建宇. 分析化学实验. 2 版. 北京：化学工业出版社，2010.
[13] 张燮. 工业分析化学实验. 北京：化学工业出版社地，2007.
[14] 黄君礼. 水分析化学. 3 版. 北京：中国建筑工业出版社，2008.
[15] 武汉大学. 分析化学实验. 5 版. 北京：高等教育出版社，2011.
[16] 熊亚. 分析化学实验教程. 北京：北京理工大学出版社，2018.